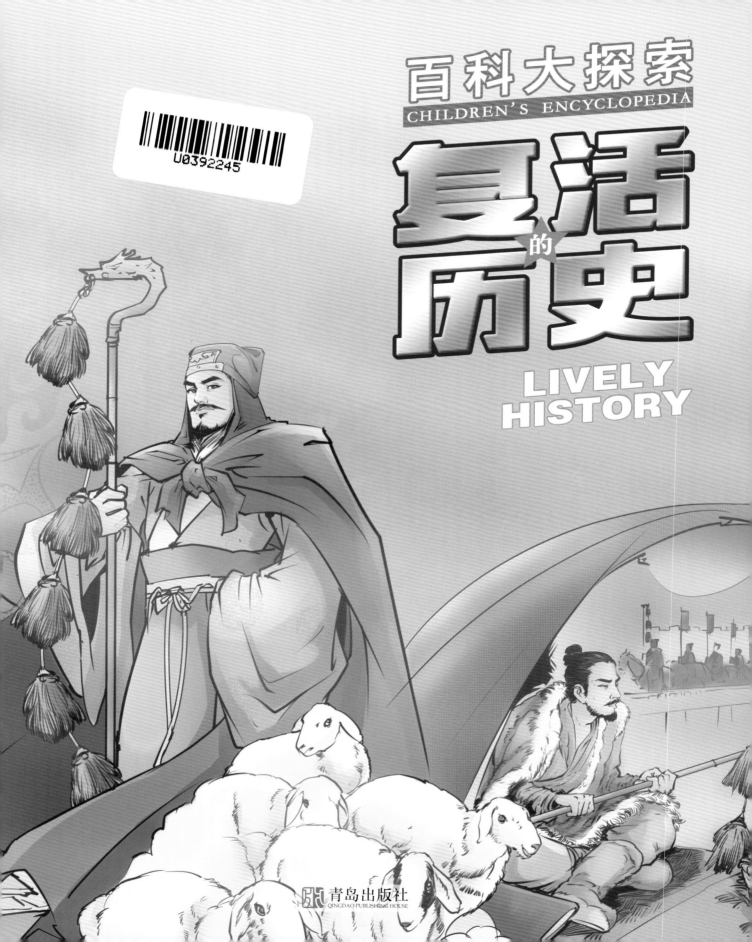

百科大探索
CHILDREN'S ENCYCLOPEDIA

复活的历史

LIVELY HISTORY

青岛出版社
QINGDAO PUBLISHING HOUSE

U0392245

目录
CONTENTS

LIVELY
HISTORY

大丈夫有所为，有所不为。

一个成功的人，他首先必定是个优秀的动员者。

他们就这样甩开追兵，一路狂奔，走入飞沙走石、热浪滚滚的大戈壁滩。

坚忍＋毅力＋忠诚＋信念＝忍者养成计划成功！

张骞贯通了欧亚，成就了举世闻名的『丝绸之路』。

穿越

西域的「忍者」

接下来你要翻开的是一篇史诗一样的雄浑篇章。文章讲述的是一个舍身为国的大丈夫，他在无比困难的条件下一心为国，壮志凌云，历尽艰辛，终成大业！影响深远的陆上"丝绸之路"就与他息息相关。

东芭拉

穿越西域的"忍者"
——张骞

●王波

关于匈奴那些不得不说的事

公元前141那年，发生了一件大事——16岁的刘彻当上了皇帝，即后来鼎鼎大名的汉武帝。这时候的汉朝，经过他的爷爷文帝和父亲景帝七十多年的休养生息，国力已经逐渐强大，人民的生活富足安康。不过仍有一件事令汉武帝寝食难安，就是俗话说的"咽不下这口气"——自汉高祖刘邦建国以来一直令汉朝上下感到头痛的匈奴。

话说匈奴自冒顿单于继位后，进入了全盛时期，开始不断对外扩张。北方和西部游牧民族都被打怕了，纷纷臣服于匈奴。于是匈奴的胆子越来越大，多次入侵汉朝境内，与汉朝发生了多次大规模战斗。

公元前201年，在一次与匈奴的作战中，大将韩信竟然破天荒地打了败仗，更令人不敢相信的是还被迫投降，这让汉朝情何以堪啊！大家应该不知道这事吧？于是汉高祖刘邦坐不住了，第二年亲率32万大军北上，要给他们点厉害看看，没想到被冒顿单于的40余万骑兵围在了白登七天七夜（史上有名的"白登之围"），没粮没草还没援兵，刘邦立刻傻了眼。不过刘邦毕竟是刘邦，最后他巧使美人计给冒顿吹了吹枕边风脱了险。

经过这次损兵折将、险里求生之后，汉高祖不敢轻举妄动了，就继续使用美人计，对匈奴实行"和亲"政策。之后的文帝、景帝也学高祖，用"和亲"来争取时间以休养生息，不再主动对匈奴用兵。匈奴的胆子就这样一次次地被养肥了，时不时地劫掠汉朝边境的人民和牲畜。

到了汉武帝时期，虽然仍旧沿用"和亲"政策，但他可不是一只任人宰的羔羊，他一直在寻找着打击匈奴的机会。终于，一个看似机会的机会出现了。

"我愿意去"

又是一个早朝时间，只是今天汉武帝走出来时嘴角掩藏不住的笑意，预示着今天将要发生什么。朝堂下，朝臣们恭顺地低着头不敢仰视，也没有发觉什么。

早朝开始后，大臣们立即行朝堂君臣之礼。

"众爱卿平身！"汉武帝的语调似乎与往常略有不同。看着大臣们起身，他缓缓地坐下来，然后说道："前两天匈奴又来侵扰我边境，虽然被我边防将士英勇地击退了，但双方各有损伤，长此以往，终究不是个办法，众爱卿怎么看呢？"汉武帝一边仔细观察着朝臣们的表情举止，一边严肃地说。

朝堂下顿时议论开来。

"自秦以来，北方边境深受匈奴侵扰之苦，先帝高祖也曾亲率大军征服，但蛮夷之地，不宜布兵，不易久战，终不能彻底讨伐，唯有沿袭历代的'和亲'，方能保一时安稳，互不侵犯。"

"丞相糊涂，匈奴乃贪婪之人，一直对我大汉的财物垂涎三尺，怎会因和亲就此罢手？如今我倒有个想法，众爱卿看如何？"汉武帝说道。

群臣异口同声地说："谨听圣谕！"

"我昨天去巡视投降我大汉的匈奴士兵时，听到他们说匈奴在攻破月氏时，将他们的王的头割下来当酒杯用，还将他们赶出自己的家园。月氏人一直怀恨在心，希望与人联手共同对付他们的仇人，好为他们的王报仇。如果我们想要彻底击败匈奴，让他们不敢再犯我边境，这是一个绝好的机会！我们只要派出使者与月氏人取得联系，约好共同对付匈奴的对策，消除我大汉一直以来的忧患就指日可待啦！"

"陛下，月氏被匈奴驱赶，一路被迫西移，如今没有人知道他们的具体位置，而且要寻找月氏，还必须要经过匈奴的领地，恐怕……"

"这些我都考虑到了，所以，我现在就是要招募

有勇有谋之人，担当此重任。"

"陛下，即使有人愿意当此重任，月氏距我大汉千山万水，恐怕历经数年也无法到达啊，那时……而且此去路途艰险，有谁会愿意前往？"

"大胆！我大汉泱泱大国，如果我的臣民没有如此之胆魄又何以立国，我又何以为君？我意已决！现在只需寻到有胆识之人去完成这次艰难而重大的任务。"

"这，这……"

在群臣的一片骚乱中，忽然有一个声音传来："陛下英明！匈奴正处于鼎盛期，而且势力仍在不断扩大，如不趁早遏制，迟早会危及到我大汉的安危，与之'和亲'终不是最终的解决办法。臣斗胆，愿身历险境，虽万死，定心怀家国，不辱使命！"

只见此人高大英勇，目光坚定，字句铿锵。朝堂上顿时鸦雀无声，大家都以一种难以置信的眼神看着他，谁也没有想到还真会有这样一个不知死活的人会站出来。

汉武帝寻声望去，说话的原来是担任郎中的张骞（qiān）。汉武帝紧皱的眉头顿时舒展开来，脸上的乌云也消散而去。

汉武帝笑着说："张爱卿最能体会我的心意啊！了却了我心头一件大事啊！我会亲自命人为爱卿准备出使事宜！家中亲人你也不用操心了，我会派人照顾周全。"

"谢陛下恩准！谢陛下厚爱！"此时的张骞神色凝重而认真。

"好了，没事的话就退朝！"

"退朝——"

"恭喜，恭喜！""恭喜张郎中获得重用啊！"群臣们满脸笑意地"祝贺"着张骞，张骞也笑着回礼，但眼神里隐含着一丝舍身赴死的决然。

人物访谈

各位观众大家好，这里是人物访谈节目。坐在我旁边的这位是近来轰动全国的大人物——张骞。张大人，请您跟大家打个招呼！

哆哆

张骞

观众朋友们大家好！我是张骞。

张大人手里拿的是什么？可不可以给大家介绍下？

这是皇帝亲自授予的符节，是国家的象征。

说到这次任务，大家都很迷惑，因为这是一个几乎不可能完成的任务，而且有可能丢掉性命，你却为何主动接下呢？

大丈夫有所为，有所不为。人生苦短啊！虽然到西域有危险，但我们日常生活中也有危险，说不定哪天出门，一辆疾驰的马车就把我"带"走了。

呵呵，张大人真幽默。我们现在了解了张大人的想法，但不知随张大人一起出使的人员又是怎么想的呢？让我们连线那里的记者。

这位朋友，你是怎么被选中的呢，对这次出使又有什么看法？

我也不知道那么多人中为什么选中了我，怎么说呢……我想我应该买一注彩票。不是说了吗，上帝关了一扇门，就会给你开一扇窗。希望我还能有机会跟家人见面。

这位朋友还是有点小情绪，我们看看别人的情况。这位朋友你是怎么看待自己被选中以及这次出使的呢？

肯定是我各方面都很优秀，所以就被选中了啊。出使是一件多么了不起的事啊。你们就等着我们的好消息吧！

看来总体情况还不错，我们在这里预祝他们成功！谢谢观看我们的节目，也谢谢张大人的参与。

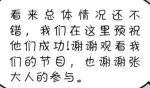

9

史奇：不就是穿过新疆去中亚吗？在地球仪上也就巴掌大的距离，坐飞机也就几个小时，有必要搞得好像要壮烈牺牲的感觉吗？

哆哆：这你就不了解当时的情况了！我给你打个比方吧，如果现在我给你辆自行车让你去冥王星怎样？你要不满意给你换成火箭也行，还允许你带GPS。

史奇：开什么玩笑，就这装备我去冥王星？再说GPS哪能管得了宇宙的路线啊？

哆哆：哈哈，你别激动嘛，虽然是夸张了点，但我就是给你打个比方。最起码你还知道冥王星的位置，很远、很险，而张骞只知道很远很险，却不知道月氏国具体的位置在哪儿。不过路是人开拓出来的，总会有一个先行者。

"北风那个吹，雪花那个飘……"不能往下唱了，再唱白毛女就该出来了。不过在这样恶劣的环境下，一支由一百多人组成的小队正顶着风的肆虐，艰难地埋头走着。这正是汉武帝专门为张骞挑选的队伍，还配给他一个归顺的匈奴人堂邑父作向导和翻译。这会儿他们已经进入了匈奴的领地。

领头的张骞手持着长长的符节，骑马凝目而立，虽然风尘仆仆，略显疲劳，但依旧目光炯炯。张骞回头对其他人说："我们已经进入匈奴的领地，一切要小心行事。""大人，都走了这么多天了，什么时候是个头啊？"张骞知道迟早会有这样的事，现在他必须要给大家吃个定心丸，不然人心散起来可比沙子快多了，到那时想收可就收不住了。

"我们每往前走一步，距我们的目的地就近一步。我知道大家这些天辛苦了，如果现在有人要反悔，往回走，我不会阻拦，但如果你们这时不反悔，那么我希望在以后的路程中，我们能齐心协力，共同把这次任务完成好！到时，加官晋爵，我一定不会忘了大家。"张骞调转马头，眼神诚恳凝重地望着随行人员。大家都低下了头不敢再看他。"好，既然没有人要返回，那么我就把大家当生死兄弟一样对待，从此同甘共苦。""我们誓死追随大人！"大家被张骞的真情打

动。大家看到没，一个成功的人，他首先必定是个优秀的动员者。此时，西行队伍的豪情温润着夕阳，而危险也即将在夕阳下降临。

一阵狂野的、震耳的马蹄声和呼喊声隐约而来，越来越近，前方一片尘土飞扬。没见过这样阵势的人顿时乱了手脚，马也开始惊慌嘶鸣。张骞心里一个劲儿叫苦："真是怕什么来什么，我惹不起我还躲不起嘛！为了更重要的任务，我只好忍了。"想到这里张骞立马下达命令："大家听我说，迅速分成五个小队，向不同的方向走，活着的人一定要继续完成任务啊！"

"哟吼——""小羊羔们，不要怕啊！""哈哈！"就在他们慌乱地选择逃跑方向的时候，这队匈奴士兵已经挥舞着鞭子将他们团团围住了。匈奴士兵好像也不急着要对他们下手，只是挥着鞭子像赶牲口一样围着他们转圈。他们也只能盯着匈奴士兵转圈，不敢放松，可是几圈下来，有些人就感到一阵晕眩，加上内心的慌乱恐惧，有人已然晕在了马背上。堂邑父机警地护住张骞，张骞急得眉头都快打结了。

这时，几位勇士趁着匈奴士兵嘲笑他们的空当，互相使了一个眼色，拔剑向匈奴士兵砍去。没想到几个匈奴士兵只轻松一挥，鞭子便将剑卷住。两边使劲拽着，僵持着，眼看剑就要将鞭子割断，但匈奴士兵根本不把他们放在眼里。

"张大人，快带着大家走啊！快走啊！"那几个勇士一起喊道，他们做好了死的准备。匈奴士兵没听懂，张骞趁机在他们僵持的缺口处一冲而过。没等匈奴士兵反应过来，大家也跟着往外冲。

"小样儿，在我们眼皮底下还想跑？"匈奴士兵怒了，追赶上去，用鞭子套住后面的人，拖在马后。另外一些匈奴士兵也快要追上张骞了。那几位勇士也被从马背上拉了下来，顿时一片惨叫声。被拖在地上的人浑身是伤，有的已失去知觉。

"哟吼——""哈哈——"匈奴士兵肆意地笑着，玩闹着。

"住手，你们到底想干什么？"张骞调转马头怒吼道。他知道，自己再不停下来，所有人就要没命了，自己更不可能逃脱，而停下来至少还有些许机会。

"很简单，所有东西都给我拿出来，人乖乖地跟我们走！"

看着满身是血的随从，张骞悲痛地点点头。他告诉自己——我忍！

"身在曹营心在汉"
——我忍

"哈哈，传闻说汉朝的皇帝派出使者想联合月氏国来对付我们，看来不假啊。你们说怎么办吧？"军臣单于询问大家。

"直接处死算了，然后我们带兵直接打他们老窝去。"一个皮肤黝黑、胡子拉碴的粗壮男子坐不住了，发表了自己的意见。

军臣单于看着他点点头。

"这样不太好吧，我们和汉朝表面上订立了和平协议，'和亲'的关系还在维持，不好就此撕破脸皮。况且，汉朝经过几十年的休养生息，现在国富民乐，能人武将噌噌地往外冒，真要打起来拼个你死我活，恐怕我们都得不到好处啊。"

军臣单于仍旧点点头，不说话。

"难道就他们国富民乐，有能人武将吗？我们多年来纵横驰骋在这大漠，怕过谁呢？如果都是这样瞻前顾后，其他部落还会像现在这样乖乖听我们话吗？"

这时，另一个匈奴人提议道："不如，我们先把汉朝领头的使者带上来，问问情况再定夺，怎样？"

军臣单于这次又点点头，终于发话了："去把使者的头领带上来！"帐幕外的士兵说了一声"是"就离开了。

不一会儿，两个士兵带着手持符节的张骞走入了帐幕。张骞行了使节之礼，不把自己当作俘虏而畏缩害怕。可是有人不干了，之前那名粗壮的男子对于张骞身为俘虏而如此傲慢不知礼节的行为感到很气愤。按照他们的惯例，成了俘虏就是他们的奴隶，一个奴隶怎敢不跪拜单于？"你已成了我们的俘虏，为何不跪拜单于？你们汉人不是自认为很讲礼仪吗？"

"哈哈哈，礼只用于有礼之处、有礼之人，你我从未交战，何来俘虏？强人所难，真是要笑掉大牙。"张骞一番义正言辞的话一下子哽住了那粗壮的男子，他一时不知该如何应对。

"哈哈哈，听闻汉人的文官嘴硬、骨头硬、讲起礼来更硬，果然名不虚传啊！听说你们这次经过我们这里是想去联合月氏国来对付我们？月氏国在我们北面，那么请问对于想要对付我们的人经过我们的领地，我们还要以礼相待吗？如果我们派人经过汉地去越国，你能答应吗？"

张骞一愣，心想这是谁啊，说话这么强硬？他赶紧稳住自己，仔细打量。此人坐于幕帐正中，眼中透着自信与霸气，目光咄咄逼人，直视着张骞。张骞已恢复了刚才的镇定，他也毫不示弱，直视着他的双眼，他知道此人就是军臣单于。只有稳住他，他才有一线生还的希望。"我们之前签定和平协议，说好互不侵犯、友好往来的，结果我们好好地遵守了，你们却屡犯我们边界，这样不讲信用的人还好意思说礼仪？"

"大胆，将这个狂妄之徒拖出去！"

所有人都以为张骞要完了，没想到单于却是这样想的：哈哈，汉人就喜欢逞一时的口舌之快，我杀他一百多人很容易，但很没意思，这个人虽然狂妄，但也磊落直爽，看他的官职也不小，说不定能从他嘴里套出点什么来，即使不行，把他留在这里也是你好我好大家好嘛！

于是，单于也学汉朝用美人计，给张骞娶了个老婆，又将他带来的人分散着安顿好。一转眼，几天过去了，张骞每天都坐在帐内心急如焚，他苦思着逃脱的计划，可是连他去厕所都有人紧紧盯着，寸步难行，更没有机会与其他人见面。

"见过单于。"一个匈奴女子见单于进来了，马上施礼。张骞仍旧施使节礼。单于笑着说："怎么，这么多天了，还拿着这个吗？还是我找人替你保管吧！"

"符节是皇帝授予我的，是皇帝和国家的象征，节离人亡，节断身折，不敢有劳。"

"呵呵，我不会强求你的，不过，这身衣服总不会也要一直穿着吧？来人，拿一套上好的衣服来。我来是有件事情想要拜托你，我族的孩子从小以习武骑射为主，没有习文的习惯，现在我想趁这个机会，请先生教我族的小孩学习汉朝的文化，不知意下如何？"

"他想以'成家立业'来拴住我？如果我不答应，他会对我更加戒备。还能怎样？我忍、我忍、我忍忍忍！"想到这里，张骞马上笑着说，"承蒙单于不杀不弃，我虽不才，必当尽我所学，悉数授予。"

"哈哈，那我就代表我族的孩子们谢过了。我还有一些事没有处理，就先走了。以后还要多请教先生。"

"单于慢走。"

单于走出幕帐，对着身边的随从说："在这里加派些人手。"

"是！"

唉，看来单于也不是吃素的主啊！

一转眼，张骞在匈奴已经忍了6年，虽然已经当爹了，但他对自己的使命从没忘过。他每天晚上睡觉前，都要面向南方对着符节跪拜，心里诉着苦："陛下啊，不是我不想走，是没机会啊。听说陛下已经主动发兵攻打匈奴了，汉匈'和亲'关系破裂，最近汉匈又经常打仗，我的处境更加艰难，性命都可能不保啊！不过，陛下请放心，只要有一线机会，我宁可舍小家顾大家，也不辱陛下当年的重托！"

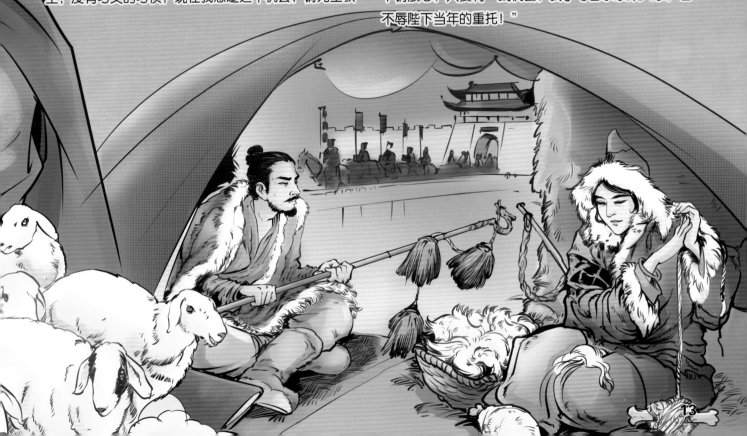

13

机会终于来了——还得忍

时间哗哗地流逝，张骞的心是持续地煎熬啊。转眼又过了4年，张骞被困西域已经10年了！这时的张骞穿胡服，说匈奴人的语言，与匈奴人和睦相处，已经跟他们没什么差别了。由于10年来他一直"老老实实"隐忍着，单于对他放松了警惕，他的行动也自由了许多，而且通过这10年，他对西域也更加地了解了。他慢慢有机会与当年的手下取得联系，商议逃脱的计划。

一天半夜，人们在一场战争后疲倦地进入梦乡的时候，这一百多人各自偷了匈奴人的马聚集在一起。

"人都到齐了吗？"张骞悄声问道。

"齐了，一个都不少！"

"太好了！出发！一直往西！"

"是！"

哆哆：你知道他们这叫什么行为吗？这叫抛妻弃子！他们在这儿哪个不留下个一儿半女的？他们就不怕单于迁怒于他们家人，把他们杀了？

史奇：他们这样才是真正的男子汉大丈夫，舍小家为大家好不好？

哆哆：大家由小家组成，没有小家哪来的大家？而且要逃也要带着家人往汉朝逃啊！

史奇：都像你这种想法，历史上就没有那么多可歌可泣的事了！咱们这两个"金牌小记者"也就失业了！

他们快马加鞭朝西奔去，马蹄声惊动了匈奴士兵，一队人马紧追不舍。"不好，被发现了！""别怕，我们已经不是10年前的我们！而且我还想到了一个好办法！"张骞自信地说。"所有人两两并排，右边的人骑在左边的马上，两人共骑一马，然后我们超过没人的马，将空马赶向西北引开他们，我们仍旧向西！"

就这样他们甩开追兵，一路狂奔，走入飞沙走石、热浪滚滚的大戈壁滩。此时，对他们的考验才真正到来了，他们唯有一个字——忍！

一路上人烟稀少，水源奇缺，而且由于出逃匆忙，物资准备又不足，在奔跑了七八天后，人困马乏。一行人正昏昏沉沉地走着，忽然又听到一声"救命"，队伍中间乱作一团。"发生什么事了？"张骞听到喧闹声立刻惊醒。"大人，大人，又发生……"堂邑父满脸无奈。人们纷纷避开，张骞赶紧过去，又看到了那可怕、痛心的一幕：一个黄沙旋涡正在旋转，两人一马在旋涡中挣扎。眼看着他们越陷越深，大家却不敢靠近，面对这自然的杀手，人们总是措手不及却又无能为力。眼看着黄沙已经到了胸前，忽然有人如梦初醒般，将马鞭挥向在旋涡中恐惧地扑腾的人。大家也纷纷将马鞭伸向他们，还剩半个身子的马在挣扎中向后歪去，将恐惧也一起掩埋，然后，马的身子、马的头也在他们的视线中消失。没抓住马鞭的人也没入旋涡中……

这不是第一个以这样的方式离开他们的人，一路上因饥渴、疲劳、旋涡、冰窟等原因离开的人也不止一个。还站着的、还活着的人，只能默默地目送他们，然后继续前行。他们历尽艰辛，跋涉数十日，终于到达大宛，逃离了匈奴的领地，经大宛王的帮助辗转到了康居，又在康居王的帮助下，最终到达月氏国。

"大月氏，我来了"

"月氏，这就是月氏吗？我终于到了！10年啊10年，我无时无刻不在期盼着这一刻。"张骞的脸上满是泪水，其他人也喜极而泣，互相拥抱着。

只不过命运弄人，世事难料，10年之间可以发生很多很多事情。

"真是天外来客啊，只是这么辛苦地来大月氏是为什么呢？"月氏王饶有兴趣地打量着张骞等人。这些人就好像忽然从10年前穿越而来，显得那么突兀。

"听说贵国与匈奴有不共戴天的大仇，我们这次来就是想与你们联手夹击匈奴的。一来是为你们报仇，二来也让我国的人民过上安定的生活。"此时的张骞还不知道，汉朝在对匈奴的战争中，已经处于主动地位，取得了多次胜利。匈奴的势力渐渐趋弱。

"这个嘛……这样吧，你们一路辛苦了，我先安排你们好好休息几日，顺便在我们大月氏国到处走走。我们这边也有很多好看的风景啊。至于使者的提议，事关重大，我需要与我的大臣们再商议一下。"

"这个……好的，那我们就等着你们的好消息了，只不过战机很重要，希望我们能尽快达成共识。"

让张骞没想到的是，他们一晾就被晾了好多天，再要见月氏王那真是难上加难。月氏王为什么会躲着张骞他们呢？ "一定是哪里出了问题，一定要调查清楚。不能就这么不明不白地被晾着啊！"于是张骞派堂邑父出去了解情况。晚上堂邑父带来了让人吐血的消息：

"张大人，我知道原因了。当年月氏王被杀、月氏国被匈奴攻破以后，大部分的月氏人被迫向西迁移，只有小部分人留在故地。西迁的月氏人后来攻打大夏国，占领了大夏的大部分土地，并使大夏臣服。西迁的这支叫大月氏，就是我们现在出使的月氏国，留在故地的是小月氏。我到处走了走，发现现在的月氏国土地肥沃，物产丰富，人民过得很好。我问起来，很多人已经淡忘了当年的仇恨，不想再报仇了。"

张骞听了非常着急："这怎么行啊，那我这10年不是白忍了吗？我一定要再见一次月氏王，小富即安迟早会被别的国家攻打的。"

经过张骞的再三要求，月氏王终于推辞不过，接见了张骞。

"我听说贵国人民生活富足安康，已经忘记了当年的深仇大恨了。那贵国就不怕匈奴再次垂涎贵国的物产而来攻打吗？"张骞有些气愤和无奈，但他只能忍着，希望晓之以理动之以情，以求月氏国与汉朝联盟。

"现在匈奴距我们还远着呢，中间隔了乌孙、大宛等几个国家，这些年我们很少遭受其他国家的攻击。退一步说，如果我们与贵国联手，把匈奴招惹了过来，结果你们又离我们太远，远水解不了近渴，到时我们不就像出炉的红铁——找打嘛！"月氏王缓缓道来，有理有据。

"我朝可以提前出援兵到贵国驻扎，这样就能免除贵国的后顾之忧了。"

"大人的这个提议确实不错，我会和大臣们商讨，但很多事情也不由我一人决定，请见谅。"

就这样，张骞他们又被晾下了。张骞非常不甘心，决定挨个游说那些大臣们。结果大臣们都客客气气地将他像皮球一样推来推去。转眼一年过去了，张骞知道再这样耗下去也不是个事儿，决定先回汉朝，再作打算。

只是令人哭笑不得的是，张骞等人在返回时又被匈奴人抓了。好在一年后，张骞趁着匈奴因争夺单于之位而大乱的机会，带着自己的匈奴族家人和堂邑父从匈奴逃了出来，那真是吃尽苦头，几经波折才回到长安。

张骞的这次西域之行意义非凡。虽然他没有完成初始使命，但却意外地为中国打开了世界之门，也让世界走近了中国。他贯通了欧亚，成就了举世闻名的"丝绸之路"。这非凡的成就恐怕是他自己都没有想到的！

忍者养成游戏

外国的忍者，不是养成者的初衷。

超乎养成者的意料

忍者养成计划成功！

他把自己封为『总督军务威武大将军总兵官』。

没错！朱厚照真的是『00后』。

朱厚照，简直是一个纯天然无公害天子。

论射箭，他不输给任何一个神箭手，论兵法，他胜过明朝所有将军，论哲学，他的光芒透过时空，一直照耀到今天！

恭喜王守仁先生，他终于『顿悟』了。这一刻，他抓住了『心学』的真谛。

让人崩溃的少年天子

一个严酷的事实摆在面前，那就是并不是所有的皇帝都兢兢业业、勤政爱民，更有甚者以玩见长，把"玩"这件事发挥到极致。但是，在这样的皇帝背后，却也有不少能臣。我们讲的这位能臣的作用不仅发挥在镇压反叛方面，在哲学方面居然也能大放溢彩。

我若为帝，你必为太子！

自从他得了神经病，整个人精神多了！

你们俩还跟不跟我去明朝了？迟了就赶不上2路汽车啦！

●小高老师

暴暴

史奇

哆哆

我喝水只喝纯净水，牛奶只喝纯牛奶，所以我很单纯！

纯天然无公害

在中国历史上存在了276年的大明王朝，共有16位皇帝，其中真正称得上是"吃着纯牛奶、喝着纯净水、当着纯种嫡传皇太子、成为大明正统皇帝"的只有朱厚照——简直是一个纯天然无公害天子。为什么这样说呢？

一部中国帝王史，说白了，就是"谁做皇帝"的战争史、阴谋史。为了皇位，狸猫可以换太子，鸣鹿可以变骏马，乞丐和尚都能拿起刀枪喊出："我的身体里也有王侯将相的纯种DNA！"明王朝的皇帝们也逃不了这个魔咒。

可是人家朱厚照就不同了，他的亲爸爸是明孝宗朱祐樘，亲妈妈是孝康敬张皇后。他作为爸爸妈妈唯一的儿子（其实张皇后在几年后又生了一个儿子，但是不久就夭折了），在这个根本没人和他抢皇位的环境中，在这个皇位世袭制的封建礼法中，只要他能健康活到老爸退位的那一天，他就是绝对天然的皇位继承人。

1505年6月8日，对于朱厚照同学来说是不幸的一天。这一天，他的皇帝爸爸病逝了。哦，皇帝的死，应该叫驾崩。但这同时也意味着，朱厚照同学的职业将从太子变为天子，而这样的身份变化，对天下、对百姓、对皇室来说，也绝对纯天然无公害——没有伴随流血事件的发生。

没错！朱厚照真的是"00后"，他是16世纪大明王朝的纯种"00后"，属于明王朝的新新人类。

当时，在皇家史官和民间算命先生们中间流传着这样一些说法：这位皇子出生于公元1491年10月27日，从命理上看他的生辰八字与明太祖朱元璋的生辰有相似之处，日后定是大富大贵；从面相上看，他性情仁和宽厚，颇有帝王风范……呵呵，这不是胡扯吗？谁都能看出来，朱厚照作为明孝宗的嫡长子，不管是依照大明律法，还是命中注定，他早晚都得当皇帝。

史料记载，朱厚照5个月大的时候，就被封为太子，成为皇位的唯一合法继承人。在古代，太子是官职，有自己的办公和生活场所——东宫。东宫的官员配置完全仿照朝廷，太子还拥有一支类似于皇帝禁军的私人卫队。太子身边也有一批追随他的太监和官员们，这些人的目的只有一个：想尽一切办法让太子高兴。为了巴结日后的皇帝，他们每天都会进献一些奇特的玩具，还经常组织各式各样的演出，各种体育活动，当时的东宫甚至被人们戏称为"百戏场"。年幼的朱厚照怎么能抵御这些东西的诱惑？于是他便沉湎于其中，而且终其一生不能自拔，学业和政事当然也就荒废了。以至于在清朝时期，如果皇子们读书不认真，就会被师傅训斥一声："你想学朱厚照吗？！" 可见朱厚照一手打造出的让人崩溃的皇帝形象确实很成功！同时作为个性张扬、以胡闹而红极一时的时尚达人，他一点也不失败！

朱厚照对音乐很有领悟力，他在宫中组成了一个几百人的庞大乐队，时常演练戏曲。他还自己作曲，亲自写过一首叫《杀边乐》的曲子，这首曲子后来还打入了明代教坊司的音乐榜中榜。

你是我的霉鬼，你是我的花，你是我的哀人，是我的铅瓜……

皇帝别踢我，我自己能跑进球门！

朱厚照很有眼光，他在500多年前就从事了很多奥林匹克项目，如骑马、摔跤、蹴鞠（足球）、射箭、划船……

大明春晚

很有调料

酒

这位客官，吃点啥啊？

给我来二斤胆子，三碗炸酱面，吃完之后，俺要上景阳冈打虎去！

别人笑我太疯癫，我笑他人看不穿。不见五陵豪杰墓，无花无酒锄作田。

如果朱厚照不当皇帝，他绝对是一位出色的小品演员、著名的综艺节目主持人、十分优秀的艺术家。

朱厚照年少时就以聪明著称，昨天教的知识今天就能背诵。吟诗作赋这些事情对他来说是小菜一碟。

朕允许你们走进我的世界，但不许你们在朕的世界里散布八卦新闻！

小朱朱，你小时候读书很认真耶！

他假装学习，假装读书，假装做一个三好学生！

想玩不容易

这位"00后"小皇帝为什么那么能玩呢？这是因为他在当皇帝之前想玩不容易，不让他玩的人比让他玩的人多。不信的话，看看下面的四个小片段：

滑稽

6个月大时的小太子，刚刚完成册封大礼（呵呵，这个大礼一下子持续了好几个月）。有一天，太子的爸爸收到礼部的奏章，内容是按照皇家惯例，太子有权利、有义务批阅天下臣子的奏折，应该把给皇帝看的奏折给东宫太子也"复印"一份。

"呵呵，天哪，我的小朱朱是个只会吃喝拉撒睡的小婴儿，你们能不能给他点空间和时间啊，别这么着急啊！"明孝宗这么想着，却不敢这么说，他只能说："等太子行了成人礼后再说吧！"当爹的心疼儿子，能推就推。

好笑 小太子三四岁时，"国防部长"（兵部尚书）马文升突然关心起"教育部"的事情，尤其是幼儿的早教问题。他对明孝宗说："必须时刻规范太子的言行，一切不利于儿童的娱乐节目、宗教活动、体育项目都要'屏蔽'掉，还有那些太子身边的保姆、官员和老师都得是最守规矩的人，最好是通过'大明词库屏蔽系统'把不能让太子看见的、听见的都给咔嚓了……"

"哦哦，天哪，我的小朱朱才上'幼稚班'啊，玩是他的天性，你们不能连这个也剥夺啊！"明孝宗不是教育学家，但他是个好父亲，他只能说："等太子行了成人礼再说吧！"他得想办法找借口来对付那些时刻盯着太子的言官。

无奈

6岁的太子就被迫行了成人礼（冠礼）。这时，有些超级敬业的礼部官员们高兴地提出让太子批阅奏折的请求。

"啊，天哪，我的小朱朱才上'幼儿园大班'啊，斗大的汉字还不认识一箩筐呢，你们盯得这么紧啊！"皇帝不是万能的，君无戏言，他得靠臣子为他办事，明孝宗已经没有拒绝的理由了，只好说："如果能发明拼音，就把小朱朱的那份奏折变成注音版的吧！"明孝宗很无奈……

杯具 官员们说：不能让太子输在起跑线上，他不是普通孩子，教育不好他，祸害的可不是一家人啊！

明孝宗说：皇帝的孩子是天下人的，我也无能为力啊！

史奇说：幼年失教，真不幸啊！

哆哆说：物极必反，真可怕啊！

早就会玩的小朱朱说：你们现在不让我玩，将来能玩的时候我非要玩个够！

飞机，好大的飞机！

太子处理奏折的方法真前卫啊！

撞衫啦，撞衫啦，"正德"这个年号以前的大理国、西夏国都用过！

真郁闷，你连内阁大臣们的真实用意都不明白！

杯具啊！

15岁就当皇帝的朱厚照，改年号为"正德"。真是搞笑，这位皇帝一点也对不起"正"和"德"这两个字。或许是大臣们故意用这个年号来提醒小皇帝要端正言行品德吧。

另据"大明日报"《娱乐串串秀》狗仔队口述可知：

朱厚照堪称东方古国最出色的摇滚歌手，最优秀的业余运动员，最具好奇心、行动力、破坏力的邻家小哥，也是最把自己不当皇帝的皇帝，绝对属于地球上最可怕的生物……这不仅仅是因为有《大明律》和"未成年人保护法"保护他，更因为他有

着一颗"娱乐无极限，自由价更高；快乐我一人，崩溃地球人"的火热之心。

两家媒体都曾引用了这样一段真实的故事：

朱厚照虽贵为皇帝，日理万机，但这并没有把他从玩乐中拉出来，而是在大太监刘瑾的引导下，玩得越来越离谱。

记得，那是正德九年正月十六日。这天清晨，皇宫之内突然骚动起来，一些布衣百姓、商人小贩、西域女子、和尚尼姑，以及骆驼牛羊猪狗等平日里根本靠近不了紫禁城的动物，如同从阿拉丁神灯中冒出来一般，出现在了皇宫里。可怕的是，他们还面带微笑，我行我素，旁若无人地在皇家禁地之内自由穿梭，貌似把这里当成了农贸市场。而这个时候的小朱朱则以富商形象出现在人群当中，他一会与商贩们讨价还价，一会儿又钻进一家酒肆当中，喝点小酒……

到了深夜，朱厚照又命人在皇宫之内挂满灯笼，燃放烟花爆竹，让猴子坐在狗身上到处乱跑，他则尽情欣赏着紫禁城的灯火辉煌和美丽夜色。突然，宫中重地、内廷三殿之首、象征着皇帝的权力和尊贵的乾清宫燃起了大火。当火光冲天的时候，朱厚照却谈笑风生，回头对左右人等说道："好大的烟火啊。"旁边的人只能跷着大拇指说："皇帝的眼光就是独特！"

我是真龙天子，不搞点龙气出来，他们还以为我是病猫呢！

孩子，人傻不能复生。

消防车再不来，火就要灭了啊！

干点另类事

某日，皇帝假装玩老虎，结果被老虎玩！

做了天子的小朱朱，可谓如鱼得水。他或许认为：要玩就要玩出最高境界，玩出名气来，玩常人玩不起的。呵呵，他已经是天下最有名的人物了，难道他还要玩成宇宙中最出名的人类吗？

在小朱朱千奇百怪的玩法中，有两样是最离谱、最经典的。为了给自己增加点人气和"点击量"——他喜欢别人叫他爸爸。在位的短短十几年里，朱厚照就认了一百多个干儿子，同时赐给他们大明朝最具影响力的朱姓，然后他这个"小朱朱"成天领着一大群"大朱朱"变着法儿地玩，真是旷古未闻。在这些干儿子中，最为得宠的就是钱宁、江彬二人。

有一天，小朱朱突发奇想：在古代，要想一举成名，有条最快的捷径——上山打老虎。成功人士如典韦、武松、李逵等都是光荣的好榜样，而小朱朱虽然已很有名，却也想过一把打老虎的瘾。于是乎，他特意叫人弄来一只老虎。本想自己制服它，可是他想了又想，看了又看，老虎比他生猛多了，一点也不会给皇帝面子，既然我没胆子干，那就叫干儿子——大太监钱宁代劳一下吧。

"小钱钱，给你个出名的好机会，去把老虎摆平了！"小朱朱躲在卫兵身后，坏笑着说道，"我精神上支持你哟！"

"什么？一二三四五，上山打老虎，老虎不吃人，那是瞎骗人！"钱宁快疯了，想想看，自己拍马屁的本事就是带着小皇帝玩，这会儿让自己拍老虎屁股、逗老虎玩，不干！打死也不干！"干爹啊，我上有80岁老母，下有吃奶的儿女，我被老虎玩死了，他们就得饿死啊！"（这个谎话实在是惊天地泣鬼神啊，太监哪有儿女啊！）

小朱朱看着把头摇得跟拨浪鼓似的钱宁，手指钱宁说道："你小子真不够意思，你给我滚，马不停蹄地滚……"

不等钱宁滚开，老虎似乎明白了小朱朱招手的意思，它一个饿虎扑食的跳跃，向着小朱朱猛扑过来。

小朱朱真不愧是皇帝，他立刻做出反应——撒腿逃跑。但他哪能跑过老虎……在这关键时刻，武将出身的江彬挺身而出，及时将老虎挡住。众人这才上前，控制住了老虎。这要放在一般人身上，估计肯定会被吓得魂飞魄散，可站在一边的小朱朱却毫不慌张，笑着说道："儿子多了就是好！可是我自己足够对付这只大虫，不用你们伸手，OK？"

改个名字做高官

结局难料才有趣！

公元1449年7月，蒙古瓦剌部进兵明朝，明英宗朱祁镇在宦官王振的怂恿下，仓促率兵50万亲征。因准备不足很快败退，8月退至土木堡时明英宗被俘，兵部尚书邝野、户部尚书王佐等66名大臣战死，50万大军覆没。由此引发了于谦守卫北京等历史事件，史称"土木堡之变"。

在"土木堡之变"后，再没有一个明朝皇帝能亲自走上战场与敌军交锋，可是人家朱厚照做到了。

机会很幸运地降临在了朱厚照身上。正德九年和十一年，蒙古小王子先后率领蒙古骑兵进攻边疆重镇宣府，烧杀抢夺，无恶不作。小朱朱听说后极为震惊，再也不能容忍了，他要亲自出关，去和小王子战斗！

大臣们听说皇帝要这么干，全都傻了眼，个个挤破脑袋写奏折劝阻皇帝。小朱朱没有理会大臣们，而是以实际行动回答了他们。正德十二年八月二十三日的半夜，小朱朱偷偷换上便服，与几个干儿子一起趁人不注意，如同做贼一般悄悄地溜出了北京城，狂奔5天，平均一天走28公里，火速赶到了居庸关，神不知鬼不觉地出了关。为了防止那些大臣们跑来把自己拉回去，他留下谷大用镇守居庸关，不准任何官员出关。

第二天，等大臣们反应过来已经来不及了。大臣们只好给皇帝上个奏折，也就是劝皇帝赶紧回来以安民心，算是尽了臣子的义务。

一本小朱朱看不到的奏折怎么能劝他回去呢？这时的小朱朱又突发奇想——自己给自己封官。他把自己封为"总督军务威武大将军总兵官"，并改名为"朱寿"，要求调集钱粮和军队，准备应战。大臣们拿到这个命令再次傻眼了，这个朱寿是谁？看这职务，这么高的级别，一定不是一般人，可是谁都没听过。看这口气，应该是皇帝本人，可是皇帝自己为什么要改名字，还给自己封官呢？这种不合常理与祖制的事情明朝的大臣们岂能容忍，他们集体向远在宣府的皇帝上疏，指责皇帝的怪异行为，告诉他这是不正确的。不过皇帝不在皇宫，大臣们又被限制禁止出关，说得再多，小朱朱全当耳旁风，大臣们也无可奈何。

谁玩谁？谁怕谁！

欢迎威武大将军凯旋！

皇帝在哪？

忍着泪，笑得好狼狈！我都不知道该称呼他什么了！

皇帝御驾亲征，哪有不胜的道理。经过了大小百余战之后，这场战争很快就以小朱朱的凯旋而归、维持了边境的安宁而终结。开心的小朱朱立即下旨，要加封朱寿（朱厚照自己）为"镇国公"，要提高朱寿的待遇，并且要求礼部迅速核发。

天啊，这时候的大臣们郁闷极了，皇帝的官做得越来越大，下一步是不是要加封自己为太师啦？

"皇上要是再立功，就只能自己夺自己的位了。"有的大臣掐指算到。

"这算哪门子事啊？"于是反驳的奏折如雪片般纷纷飞到了皇帝的面前。

"玩的就是你们！"小朱朱玩猫玩狗玩老虎，这回要玩玩大臣们。他哪会听大臣们的意见，当然是置之不理。

回京之前，小朱朱下了一个别出心裁的旨意，他要求北京的文武大臣穿上平时"出差"穿的普通官服，全部站在德胜门外迎驾。一群大臣这样穿着，远远望去，就像是一个五彩斑斓的欢迎队伍。迎接的队伍一直等到半夜，小朱朱才穿着盔甲，带着佩剑，率领着一支军队进入德胜门。

大学士杨廷和举酒杯，梁储倒满酒。小朱朱一饮而尽，对杨廷和说："知道吗，我亲自杀了一名敌将！"

杨廷和立即叩头表示祝贺："圣上威武，大明之福啊！"此时，小朱朱望着雨夹雪的天空，坏笑着说道："OK，我累了，回宫睡觉吧！"

皇帝一走，整个德胜门就乱作一团，大家都想早点回去休息，纷纷去找自己的仆人和轿子，有些人找不到只能被淋个湿透。一群人狼狈不堪。小朱朱终于报了上次大臣们不让自己离京应战的一箭之仇。但是大臣们不会这么轻易被他耍的，他们同样会报复小朱朱。

小朱朱回到京城好多天了，越来越感到不对劲儿，"大明电视台"和"大明日报"就是不宣传不报

小王子 VS 小朱朱

大意啦，我不服！

这个年代，我们不玩刀枪，玩智商！

人家有的是背景，而你有的只是背影！

我给自己取个英文名，叫"压力山大"！

27

道他干的这件好事。一打听才知道：因为他这次出关与蒙古小王子交战，身边没有带一个文臣，所以大家对这场战争的胜利拒绝承认，言官们根本不报道。不仅如此，大臣们还说："在这次战争中，小王子的兵死了16人，而明军却牺牲了52人，且重伤563人，这根本不能说明明军胜利了！"

这下可把小朱朱惹急了，他咬牙切齿地说道："你们不宣传，我自己宣传！哼，谁怕谁呀！"

于是，他发动干儿子们四处宣传说：你们这些文武大臣动动脑子想一想好不好啊，双方总共投入了11万兵力，况且都是有大炮这种重武器的军队，就是不打仗，单把这些人赤手空拳放在一个地方打群架，估计都死不止这些人……

你把打仗也当成玩，真牛！

要知道打仗那么残忍，我才不去玩呢！

如果每个月总有那么三十几天不用上学，该多好啊！

什么是旅行？

旅行就是从自己玩腻的地方到别人玩腻的地方去玩！

小朱朱刚刚玩了北方重镇，并且在那里建立了自己的"皇家游乐园"，但是他并不满足，还有山水秀丽的南方呢。

"什么？还要去江南！不行不行就是不行！"大臣们彻底疯了！

"各位爱卿，对于我的另类行为，你们早该适应了吧？"小朱朱坐在龙椅上，看着满朝文武，说道，"尽快给我找个下江南旅游的借口，要不然我就偷溜啦！"

朝中的文武大臣是不可能、也不敢给皇帝下江南旅游找借口的，原因很简单：安全不是问题，问题是不安全；钱不是问题，问题是没钱！

苦苦等待的小朱朱知道没有人支持他，便做好了偷溜的准备。1519年7月的某天，他望着闷热无聊的紫禁城，下定决心准备出发。突然，宫中传来八百里加急快报——出事了，宁王朱宸濠在南方叛乱啦！

"哈哈哈，不谢天，不谢地，谢谢宁王叛乱都这么有眼色，会挑时候啊！"小朱朱高兴得大跳起来，即刻下旨给"朱寿"（就是朱厚照自己），让其率军向江南进发。

朝中大臣们依旧郁闷中……只能眼睁睁地看着小朱朱率队出征南方，还得表示出绝对的支持……

然而，这个宁王实在不争气，他的叛乱仅仅持续了35天，就被江西巡抚——中国明代最著名的思想家、哲学家、文学家和军事家——王守仁，又名王阳明——给彻底镇压了，同时还将成功镇压叛乱、俘虏宁王的战报迅速送到了已经出征的小朱朱手里。

面对这份"喜报"，小朱朱烦恼不已，好不容易找个借口出来了，没想到宁王居然这么不争气，自己连战场的边都没摸到呢，那边就结束了，摆明了不带自己玩儿。

"这是国家最高机密，不得对外泄露！"小朱朱最终决定，继续顶着他"总督军务威武大将军镇国公"的旗号向南进军。

只不过，他此时的行军速度属于蜗牛级，放在全世界也堪称奇迹了：

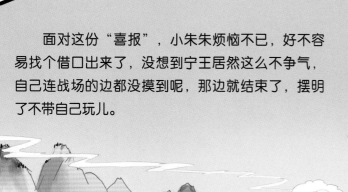

京 城

在保定府与地方官比喝酒，展现了耍赖的超级本领……

在山东临清玩了半个月……

中途突然秘密回到京城，把老婆接到军中……

到淮安钓了几天鱼，把鱼高价卖给当地官员，害得他们只好把沾了皇帝气的鱼供奉在家里……

到扬州欣赏美景，看表演，在他拒绝当地官员请他吃饭的时候说出了一句经典雷语：这顿酒席你们去折个价，然后把银子送到我那里……

正德十四年十二月二十六日，整整四个月，小朱朱终于从北京走到了南京，这场奇异的行军之旅宣告结束。

29

开心就笑，不开心就过会儿再笑！高兴就玩，不高兴就使劲玩！

功劳是抢来的

小朱朱在大明旧都南京又待了200多天，不只是吃喝玩乐，他还有一件最重要的事情要做。

一天上午，小朱朱找来王阳明，笑眯眯、和和气气地对他说道："阳明先生啊，你的名气和才气朕是知道的，朕想让你写一篇报告文学，表扬一下'总督军务威武大将军镇国公'朱寿是如何镇压宁王叛乱的。你是同意呢，还是同意呢？"

"啊？！"王阳明差点笑掉大牙——即便是笑了，也不能出声，得给皇帝面子。王阳明心想：你不奖励我也就算了，你还要我这个功臣去表扬一个不存在的大将军朱寿，我晕啊！

"好的，我明日就向皇上递奏折！"王阳明是个聪明人，不就是动笔瞎吹一番的事情嘛，他巴不得早早把宁王这个烫手山芋甩给皇上，自己落个清闲呢！

第二天一大早，王阳明果真就拿给了小朱朱一篇洋洋洒洒上万字的《重上江西捷音疏》，他的文章是这样写的：

……在我们英明神武的正德皇帝的完全领导下，在全体官兵的奋勇杀敌下，在文武百官的大力支持下，皇帝运筹帷幄，迅速率领大军杀敌无数，活捉宁王，平定了宁王叛乱，维护了国家统一，所有的功劳和成绩都是和皇上正确而英明的领导分不开的……

小朱朱看到这样的奏折立即眉开眼笑，但是很快又由晴转阴："为什么不提朱寿呢？他可是平定叛乱的大将军啊！"

"朱寿是谁，我没见过，我只见过皇上您率领大军奋勇杀敌，活捉宁王……"王阳明伸出大拇指，开始忽悠小朱朱。

"你真淘气！"小朱朱想想看，无所谓了，反正首功还是自己的，也就勉强接受了。

但是这样的结局太不过瘾，小朱朱心知肚明，他率领大军不远千里来到南京，不能一拳不打、一箭不发地回去啊。

"我要在南京校场口上演一场献俘仪式！"小朱朱别出心裁的主意打定之后，说玩就玩。

结束语

　　"玩"这个字始终贯穿于朱厚照的生命当中，最终他也是在玩钓鱼的游戏时，把自己掉进水里，大病不起，31岁就结束了短暂的生命。同时，他也用"个性解放，追求自由"的另类行为实现了他一个人的光荣与梦想，却没给黎民百姓带来什么福音，成为明朝276年里最能闹的一位皇帝。皇帝不应该是这样的，这我们谁都知道，但"家天下"的封建制度就是这样，不管你是否真的有才有德，都可能当上皇帝。

　　因为明武宗朱厚照没有作出表率，在他之后，明朝的皇帝更是五花八门，什么样的都有，像痴迷仙道、天天炼制丹药的嘉靖皇帝朱厚熜，30多年不理朝政的万历皇帝朱翊钧，不想当皇帝只想当木匠的天启皇帝朱由校……

亲爱的各位观众，下面由乌米向大家宣布一个沉痛的消息：公元1520年，明朝正德十五年，创意十足的大玩家、旅游家（当然，也是最不合格的皇帝之一），平易近人的朱厚照同志在镇江钓鱼时不幸落水，自此龙体欠安，不久后病故。

观众们不要悲伤过度，我们马上将要评出正德年间"最具统治力男生"！以下是候选人名单——

论史上最牛的太监，魏忠贤第一，我第二！文官并不可怕，"内阁三巨头"——李东阳、刘健、谢迁就是被我搞垮的。我死后家里抄出的宝物堆积如山，就连皇上都要去参观呢！我最恨的是杨一清，做鬼都不会放过他的！

我是朝廷的顶梁柱，一人之下，万人之上。皇上不爱江山爱旅游，朝廷的千斤重担我一人扛！不是我夸口，正德年间有水平的官员一半以上都是我推荐的！

大家好！我很高兴这不是"快乐男声"评选，因为我没有"杀马特"的脸。历史对我的评价中都有一句"貌丑"，可我为人民、为国家立了大功一件——将刘瑾打倒了！从此大家过上了幸福的生活……

下面我隆重介绍最后一位候选人，也是人气最旺的"儒战神"——王守仁先生！

亲爱的朋友们，特别是杨廷和大人，你们不必为我的存在而担惊受怕了，因为今天是我退休的日子。几百年后，有些观众可能会称我为"明朝最著名的思想家、哲学家、军事家和文学家"。对我来说，成为这一切"家"是一件容易的事。对不起，我并不骄傲，而只是想说：这只需要有一些古怪的想法。

《飞屋环游记》里的老头卡尔、《美食总动员》里的老鼠大厨雷米……我小时候和他们一样，有各种各样不被别人理解的念头。我会盯着后院里的竹子看几天几夜，会天天做圣贤的美梦。这对我来说，并不是很困难的事，所以你们不必崇拜我。相反，我要向江西的苦命土匪、宁王殿下道歉——你们也是为了生活，你们也有自己的梦想，可是因为我，你们失去了生活。

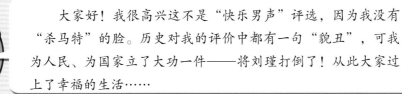

可是，王守仁先生的退休生活并不清闲……

仗剑走天涯

最后的天泉桥

　　嘉靖六年，王守仁回到了老家浙江。他终于可以松口气了：离看自己不顺眼的杨廷和大人很远，离赏识自己的兵部尚书王琼大人也很远，也许朝廷不会再有人想起"王守仁"这个名字。

　　可是，不久，皇帝的诏书到了。广西瑶族、侗族地方武装发动叛乱！嘉靖皇帝钦命王守仁总督两广军务，前去平叛。

　　他只有苦笑了，笑的是江西匪变——宁王之乱之后，自己居然还有用武之地；苦的是肺病日益加剧，广西离浙江遥遥千里，这一去，恐怕再难以回到故乡了。朝廷里满是年轻力壮、等着建功立业的将军们，为什么还需要我王守仁？难道杨廷和这老家伙想让我把命留在广西？

　　哈哈，他一瞬间变得豪气十足，全无刚才年老落寞的样子。沉思了一会儿，他命人通知两个最得意的弟子——钱德洪和王畿，当晚在天泉桥相见。

　　明月当空，桥下流水一路向东，不知奔向何方。王守仁没有看急急走来的弟子，而是一直死死地盯着河水。一千多年前，孔老夫子也是像他现在这般，俯视激流，发出"逝者如斯夫"的感慨。

　　是呀！青春年华一去不复返，父亲的责骂声如同近在耳边，可是河水中倒映的已经是一个年近六十的老人了！

　　"朝廷有难，我不能坐视不管，可这一去，恐怕再也回不来了，今天就是永别之时。你们两个要用心攻读，我以后再也不能教你们了！"王守仁把头转向一边，他怕徒弟看到自己夺眶而出的泪水。

　　"老师，千万不要这样说！"

　　王守仁笑着摇了摇头："人生在世，不如意的事十之八九。我本打算在故乡养老，安度晚年，可现在看来，这最后的心愿是无法实现了。我今年五十有六，回想平生一切事，问心无愧，你们也不必过于伤心。"接着话锋一转，"眼下，我还有最后一件事需要交代！"

　　钱德洪和王畿抬起了头。

　　"你们跟随我学习心学已有多年了，但是心学之精髓还未领悟，今天我就将四句口诀传授给你们，你们用心领会，今后将它发扬光大！"

东芭拉：乌米，你猜他说的口诀是什么？

乌米：螺旋手里剑！

东芭拉：我说的是伟大的王守仁先生，不是旋涡鸣人！

乌米：那就是"手中无剑，心中有剑"！

东芭拉：无善无恶心之体，
　　　　有善有恶意之动。
　　　　知善知恶是良知，
　　　　为善去恶是格物。

乌米：我真……这四句太深奥了！

东芭拉："心学"我研究已久，这四句真诀却仍未参透，只知道大体的意思：世上所有东西本来没有善恶之分，是人的想法使他们有了善恶差异，我们不但要明白善恶的分别，而且要去恶扬善！

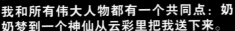

我和所有伟大人物都有一个共同点：奶奶梦到一个神仙从云彩里把我送下来。

据说我还有一个伟大的祖先——王羲之。

每个人都用火辣辣的目光盯着我，认为我应该是个天才……

我呆呆站在院子里，几天几夜，盯着一根竹子，只为发现竹子里的真理。

天啊，你看得我心里发毛！

很快，我"伟大"的父亲——王华中了状元。天啊，什么能比状元更高级！

结果是：我连续两年全国考试落榜，父亲气得浑身发抖！

有一年，父亲带我去了山海关外，第一次，我有了当将军的愿望！

可是很不幸，我的大脑很快被一些怪想法挤满：我要做圣贤！

龙场腾"巨龙"

京城会试失利，王守仁疾速坠入了人生的低谷。父亲失望了，同龄人笑了，只有他自己，还坚持着心中的信念！

不过，他不再捧着圣贤书不放了，因为圣贤并没有告诉他何处才有光明，路只有靠自己来找。

除了准备下一次的考试，王守仁开始练武，学习骑马、射箭，读兵书，能量以惊人的速度在他体内凝聚。

上天不会亏待勇者。弘治十二年，王守仁终于考上进士，被任命为兵部武选司主事，主要负责武将选拔。

"准军事天才"王守仁终于走上了一条康庄大道。可是，有一个人，无论你理，还是不理，都在那里。历史上，他名字前面通常有"权奸""阉贼"两个词修饰，他就是"淘气"皇帝朱厚照的忠实玩伴、广大文官的噩梦——刘瑾。

作为一名太监，刘瑾的功力达到了登峰造极的地步。一般来说，外地官员进京办事，先要到刘瑾家拜访，送上几万两银子的厚礼，才能确保一路平安。否则，估计还没回家，撤职查办的诏书就到了。当时，"内阁三巨头"中的谢迁、刘健准备为朝廷除害，却先被这位大太监清理回家了。

知识小贴士

每天你打开电视，早间新闻、午间新闻……各种新闻里经常会出现"内阁"这个词。其实，中国明朝就开始有"内阁"了，不过，此内阁非彼内阁。明朝时，内阁是帮助皇帝管理百官和全国事务的机构。能进内阁的人，可谓当朝重臣，称为"大学士"。谢迁、刘健、李东阳就是这样地位崇高的人，谢迁能侃，刘健善断，李东阳有谋，三人的配合天衣无缝。

直到有一天，他们碰到了"恶太监"刘瑾。经过一番你死我活的斗争，"三巨头"只剩李东阳一人……

作为一个六品芝麻官，王守仁面对皇上身边的红人——连内阁大学士都不放在眼里的刘瑾，该怎么办呢？最安全且最保全身家的路线：见面点头哈腰，开会时见风使舵。毕竟，辛辛苦苦考上进士、当上京官不容易，何苦为了争口气丢了饭碗呢？

可是，王守仁选择了另一条道路，一条充满荆棘却问心无愧的道路，一条不撞南墙不回头的道路：向皇帝上书，挽留谢迁、刘健，痛骂刘瑾！这种"愚蠢"的做法，有人称之为书生意气，更多的人称之为文人的骨气。

不久王守仁就收到了刘瑾的"问候"：痛打20大板，调到贵州龙场当个招待所所长吧。然而让他意料不及的是，父亲王华也因此受到牵连，被调离京城，去南京担任吏部尚书。

发配中升华

"父亲，孩儿不孝，孩儿拖累您了！"

望着父亲已经花白的头发、浑浊的眼神，王守仁再也抑制不住泪水，他甚至感到没有脸面再去看80多岁的奶奶——那个梦到"神仙云中送子"的老人。

龙场，位于贵州省偏远山区，一般是身有重罪的犯人接受改造的地方。那里林木丛生，遮天蔽日，多虎豹狼虫。苗族、僚族人在深山老林中过着近乎原始的生活。不过这一年，他们开始过上了幸福的日子，因为从京城调来一个"王所长"，教他们伐木、盖房子、识字，帮他们规划村落，甚至和他们住在一起。

然而，这些少数民族同胞不知道，每天深夜，在所有人都进入梦乡后，"王所长"还呆呆站在月下，朝万里之外京城的方向远望。"王守仁啊王守仁，37岁的你已经有了白发，同年考中进士的人有的已经官居三品。可你呢？"

他苦笑着，他还记得"圣贤"的梦想，还记得儿时"提兵杀敌，扫平鞑靼"的豪言，可现在，每一天，他能做的只是教当地人汉族的生活习惯；每一天，他只能孤零零一人在荒野中呼喊："我已到了这般田地，难道这里就是埋葬我灵魂的地方？"

终于有一天晚上，当他再次喊出心中痛楚的时候，一阵微风拂过参天古树，枝叶的抖动如一曲旅人的歌，如远离故乡的燕子在耳边呢喃，如梦里才能见到的家人的轻轻细语……在斑驳的树影中，王守仁依稀看到了父亲满是皱纹的面容！然后，这一刻过后，一切归于沉寂。

"这只不过是最平常的树，天天吹过的风，可，可刚才……"王守仁有点摸不着头脑，他想抓住刚才那几秒，那电光石火的光明瞬间。

镜中的花儿为谁红？水中的明月为谁圆？草木、风雨、皇上、万民……万事万物，它们千变万化，不变的真理在哪里？

"在我胸中！在这灰暗、躁动的世界上，唯一不变的只有我这颗火热、永远不屈服的心！万事万物没有一样不在我的心里，真理远在天

边，近在眼前，它就在我的心里！"

　　恭喜王守仁先生，他终于"顿悟"了。这一刻，他抓住了"心学"的真谛。后来，他与孔子、柏拉图、亚里士多德、康德这些巨人一起，列于世界伟大哲学家之林。

　　王哲学家的出头之日不远了。

绝望的土匪

　　有这样一群人，他们深受贪官污吏压迫，没有饭吃，没有衣穿，为了生存，躲进深山，过起了占山为王、打家劫舍的生活。他们自称"绿林好汉"，官府却称之为"土匪"。

　　亲爱的观众，如果你对土匪感兴趣，可以问问父母，他们会给你讲座山雕、许大马棒的故事。这两个名字在新中国成立前后的东北，可是大大有名，不过和明朝江西、广东一带的土匪比起来，只能算是小跟班了。

　　谢志山占据江西横水、左溪、桶冈，池仲容在浰（lì）头称王，与广东大庾（yú）的陈曰能、乐昌的高快马等悍匪连成一片，组成"抗官兵统一战线"。江西巡抚文森大人可能没见过这种阵势，干脆装病辞职了。谢志山与高快马联手，进攻南康、赣州，守将吴玭（pín）战死……

　　这就是朱厚照同志治理下的江西——百姓的地狱，土匪的天堂。不过，他们离"天堂"之路也不远了，因为新任江西南部巡抚叫王守仁。

　　正德十三年春节前，"浰头王"池仲容在自己的土匪老窝里天天笑得合不拢嘴，因为他收到了新任巡抚的请帖，邀请他去大城市赣州和江西的大小官员一起欢度佳节。

"这个王守仁识时务，知道江西的好汉不好惹，这不，开始和我套近乎了？可是……这里面会不会有什么诡计？"

老谋深算的池仲容挑选了93名得力干将，暗藏兵器，浩浩荡荡往赣州去了。到了王守仁的住处，为了表示尊敬，他只带三两个人进去拜见巡抚。

"大人，小的何德何能，敢到府上叨扰？我家没有什么宝物，略备一份薄礼，敬请大人笑纳。"

"池壮士言重了。唉，你们都是我管区的百姓，那么多人等在外边，难道是怀疑我的诚意？"

池仲容稍一迟疑，只好把所有人都叫进府内。王守仁开怀大笑，命令下人大摆宴席，款待远方来的客人。看着眼前的山珍海味，土匪们放心了，原本以为巡抚藏了重兵，现在看，真是以小人之心度君子之腹。作为带头大哥，池老大都有点儿不好意思。

一连住了几天，池仲容有点放心不下留在家里的兄弟，去向王巡抚告别："大人，小的们不懂礼节，这几天在府上闹得不成样子，在下深表歉意，今天准备带他们回家。"

"壮士不必心急，明天是正月初三，晚上有灯乐，你们看完再走也不迟。"

灯乐，就是一边观灯，一边听高雅音乐，是古代官宦巨富人家过年必备的娱乐活动。池仲容不愿错过这个机会。自己无所谓，但是一定要让弟兄们开开眼界。

初三晚上，后花园里灯火辉煌，土匪们兴冲冲地往门里挤。他们没上过学，一定没听说过美杜莎的故事。希腊神话中的美杜莎比女神都要美丽，就连海神都为她的美貌所倾倒，可是，她眼中射出的是死神的目光，任何人和她对视，都会变成石像。

在王守仁先生的后花园，那美丽的灯火背后，是全副武装的士兵！土匪们没有防备，一个不剩，全被俘虏了。

王守仁如何能这么快就摇身一变，成了三品大员——江西巡抚了呢？原来，现在的天下已经不是大太监刘瑾掌权时的天下了。在杨一清和"内阁三巨头"中仅存的李东阳合力"狙击"下，刘公公被送上了断头台。慧眼识珠的杨一清和兵部尚书王琼早就认识到了王守仁的才能，短短一年时间内，将他从龙场驿丞提拔到了巡抚。

这时的王守仁已有勇有谋，上面智擒池仲容的行动就是他一手策划安排的。

从正德十二年初开始，他率领江西各府官兵，

会合广东的友军，使用声东击西、诈败、暗度陈仓等手段，四路出击。谢志山、高快马……一系列让人害怕的名字，在王巡抚的谈笑间，就灰飞烟灭了。

剩下的一小撮人绝望了：我们投降还不行吗？

王守仁的职业生涯

待业青年　兵部武选司主事　贵州龙场驿丞　江西南部巡抚　哲学家

战神的诞生

欢迎各位观众前来捧场，本期K1全球搏击赛，即将拉开大幕！下面有请本次大赛的头号种子、"荷兰伐木人""格斗暴君"——彼得·阿兹！

今年的比赛我还没输过，这场我只有一个愿望，不管是谁，多挺一秒嘛！

下面将要出场的是勇往直前的史奇先生！

岳家枪法、罗汉拳、高鞭腿……随便一招就能解决你！

史奇，史奇，我爱你！

史奇倒下了！谁能阻挡"格斗暴君"？让我们等待一位文武双全的"战神"——王阳明先生！

彻底消灭了祸害人民多年的土匪，王守仁却保持低调，有一个问题他一直搞不清楚：土匪为什么那么猖狂？是谁在背后支持他们，给他们配备武装呢？

他还不知道，有一个人一直在黑暗中注视着自己。

有丰富动漫经验的观众可能会总结出一个规律：一开始就出场、凶悍张狂、连发狠招的角色往往实力平平；真正的"酷"角色往往不轻易出手，然而，却能一击致命。

王巡抚现在面对着一个可怕的对手——宁王朱宸濠。

宁王是朱厚照的堂叔，待遇却配不上他的身份，封地在远离北京的江西南昌，和我们的王巡抚倒是近邻。

于是，他每天都在纠结：为什么朱厚照这样的昏君能做皇帝？为什么他整天花天酒地，却有那么多大臣纵容他？如果说这是命运，我不相信！

黑夜给了我黑色的眼睛，我要用它来寻找光明。朱宸濠艰难地下了决心，他要去做一件大逆不道的事，一件有可能让自己成为九五之尊、也有可能让自己走上不归路的事——起兵造反！

正德十四年六月，朱宸濠以李士实、刘养正为左右"丞相"，招募社会流氓、小偷、无业游民共计八万人，正式在南昌"起义"，剑指南京。不过，他并没有马上调动大军。他在犹豫，因为自己最危险的对手——王守仁还没有动静。

"悟道"后的王守仁实在有先见之明，在宁王造反之前，他就离开了南昌，一路逃到位于长江上游的吉安。在那里，部下们都在焦急地等待他拿主意。

"大人，反贼可能马上顺长江东下，攻下南京，我们的兵马尚未集结，如何是好？"

"我自有办法。"

这天早晨，在南昌的朱宸濠一觉醒来，突然发现城里贴了许多告示：

"都督许泰等率边防驻军，都督刘晖等率京城驻军，各四万人，水陆并进。巡抚王守仁、秦金等率各部兵马，共十六万人，直捣南昌！"

啊？难道这是朝廷发布的调兵令！朱宸濠害怕了，拿不定主意是否要立刻起兵前往南京。

宁王实在是不聪明，这种由王巡抚执笔、扰乱"军心"的假告示他居然相信了。一天，两天，三天……十天过去了，一个官兵的影子都没有。

上当了！这是缓兵之计！朱宸濠一怒之下，带兵疾进，居然几天时间就拿下了九江、南康，直逼军事重镇、南京的门户——安庆。

史奇：原来"闪电战"不是德国纳粹头子古德里安发明的，而是朱宸濠发明的！

哆哆：老朱不淡定了！

知识小贴士

闪电战，顾名思义就是像闪电一样打击敌人。现代的闪电战指的是第二次世界大战期间德军首先使用的一种战术。主要是充分利用飞机、坦克的快捷优势，以突然袭击的方式制敌取胜。现在看来，四百多年前的我国明朝就已经有闪电战的先例了啊。

十天时间，对王守仁来说足够了，他已经集合了江西的各路义军。

他使出了最毒的一招，占领南昌，端了朱宸濠的大本营。朱宸濠笑了：王守仁，来吧！让我们见个高低！

正德十四年七月二十三日，鄱阳湖西侧的黄家渡。

双方隔岸相望，决战马上开始。

王守仁太不厚道，他派兵预先埋伏在道路两侧，然后命吉安知府伍文定为先锋，率先进攻宁王大营。

朱宸濠气不打一处来："一个小知府，带几千人，就想来攻我？"他迎头痛击伍文定，并一路追到藏有伏兵的地点，然后……

伏兵一拥而出，更糟糕的是，自己的后方、两翼都冒出了官兵！他享受到了王守仁给他准备的"大餐"。

王守仁，你到底是一个什么样的对手？朱宸濠绝望了，可是他知道，自己已没有绝望的时间。如果此战不胜，等朝廷的平叛大军到来，"造反事业"就真的完了。死守黄家渡，决不后退！他的决心感染了身边每一个人。

于是，第二天，官兵们突然发现，原本不堪一击的宁王杂牌军突然精神起来，个个眼中露出仇恨的目光。朱宸濠惊喜地发现自己的部下们突然有了狼性，对手的防线已经开始崩溃。

这时候，一个英雄诞生了！伍文定横刀立马，大喊："后退者，杀无赦！"他冲向敌军，飞石、弩箭射在他身上，火弹烧光了他的胡子，伍知府却仿佛毫无知觉！

英雄是有感染力的，官军们受到伍文定的鼓舞，一举夺回了战场的主动权。

朱宸濠终于认识到，和王守仁相比，自己还差一个档次。于是，他决定把自己的战船都用铁链绑在一起，想在鄱阳湖造一个水上基地，和王守仁耗一段时间。

观众们是不是很熟悉这个场景？不错，"火烧赤壁"又要上演了！

七月二十五日早晨，朱宸濠正在船上和手下商讨从哪条路线撤退，却惊讶地发现数十条火船借着风势，朝自己冲来……

宁王朱宸濠从起兵到被俘，只用了35天。但是，他却成为王守仁先生的光辉注脚之一。

我是传奇

其实，早在六月的时候，朱厚照同志就得知了叔叔起兵造反的消息。他并没有惊慌失措，因为这是一个展示自己作战才能的大好机会。他自封"威武大将军"，亲征平叛。可是，大军刚到山东，军营就炸开锅了。

"什么，叛乱已经被王守仁平定了？一个巡抚能有多少兵马，怎么可能取胜？"

在京城，"内阁第一人"杨廷和也坐不住了。在他看来，王守仁是兵部尚书王琼的亲信，而王琼是自己的死对头。这样一个人立了奇功，对自己大大不利。可是很快他就露出了会心的微笑，因为不劳自己动手，陪朱厚照亲征的两位将军许泰、张忠已经设下了毒计。

二人天天在皇帝跟前说"悄悄话"：

"宁王朱宸濠久居江西，势力庞大，这次叛乱之前肯定策划了很长时间，哪有那么容易被平定？臣下推测，王守仁肯定事先和反贼串通一气，想要夺大明朝的天下，但是最后惧怕圣上伟大、卓越的军事才能，才反戈一击！"

许泰、张忠的心情可以理解，好不容易陪皇上亲征，却被王守仁给搅了局，这一口恶气当然要出。只说几句狠话当然不够，两位将军一不做，二不休，竟然带领京城的兵马去了南昌，打算给王守仁一个下马威。

这是一个阳光明媚的早晨，王守仁接受了许、张二人的邀请，来到了京师军队在南昌的大营检阅部队。

练兵场上，他们被一阵助威呐喊的声音吸引住了。只见不远处，数百名士兵围成了一个大大的圈子，里

面，一名神箭手正聚精会神地盯着百步外的靶子。"嗖"，一箭射出，正中靶心！

原来，这是许泰设计的一个圈套。他将几十斤重的弓递给王守仁，说："巡抚大人在35天内平叛，令满朝文武汗颜，想必大人阵前的作战功夫很是了得，今天何不指点一下我们这位神箭手？"

他见王守仁身材瘦弱，一定连弓都拉不开，这次要让他在众人面前出丑！

"许大人，下官近来身体不适，恐怕要让大家失望了。"

"巡抚大人哪里话，'王守仁文武双全'，这可已经传遍天下了！"

王守仁没有办法，干咳了一声，慢慢挺直身子，吃力地接过弓。搭箭，拉弓（几乎取消了瞄准的环节）——

"正在靶心！"练兵场上响起了雷鸣般的掌声。

王守仁熟练地从士兵手中接过箭囊，又是"嗖嗖"两箭，全部命中红心。

"让两位大人、诸位勇士见笑了。"他轻描淡写地说。训练场上的人却都已经惊得忘记了喝彩。

论射箭，他不输给任何一个神箭手；论兵法，他胜过明朝所有将军；论哲学，他的光芒透过时空，一直照耀到今天！

不过，许泰、张忠、杨廷和……这些官员大可不必担心，因为王守仁早已给皇上写了一封奏折：

"王守仁此次平叛行动认真贯彻了威武大将军的方针……"（此处略去几百字）

我王守仁平叛是为了救民于水火！功劳，就归你朱厚照吧！

几年后，王守仁辞官回到家乡绍兴，开始著书立说，广收弟子，传授他在龙场悟得的心学精华。他不想成为传奇，可他的传奇一直持续着。

后记

近四百年后，日本联合舰队在中国东北的旅顺口重创俄国海军，向世界强国迈出了坚实一步。日俄交战，在中国境内进行，这对中国人是不折不扣的耻辱。然而，一个名字的光辉却无法被掩盖。

日本舰队司令东乡平八郎在庆功会上，面对大家的一致赞誉，微笑不语，只是掏出了自己的腰牌，上面写着：

一生俯首拜阳明。

阳明，正是王守仁的别号。

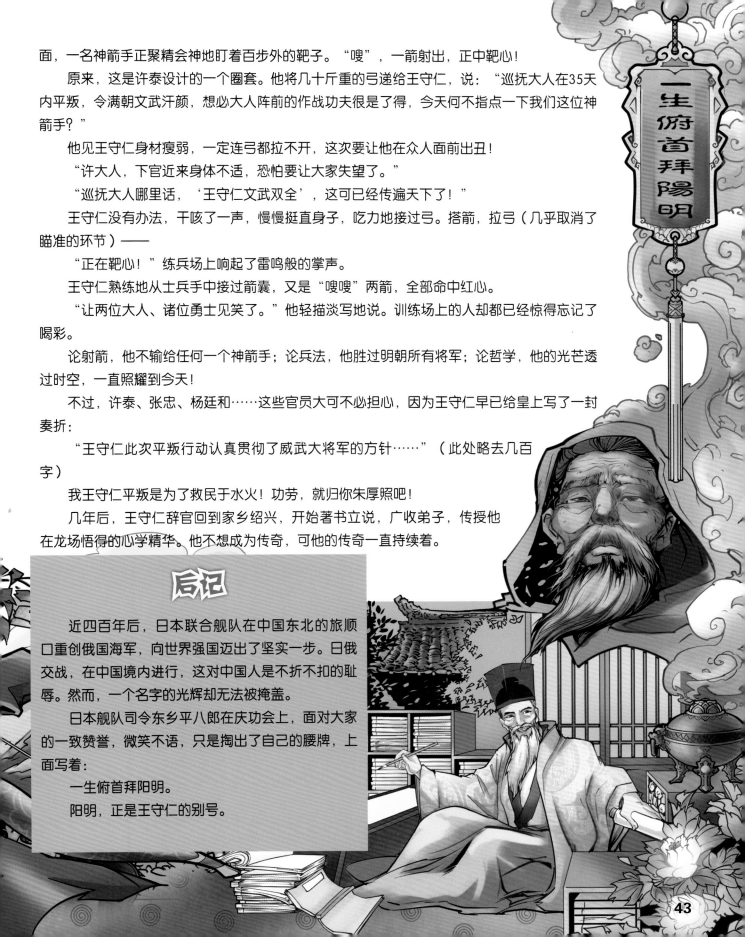

一生俯首拜阳明

大大的脑袋，细细的腿，肥肥的屁股，鼓鼓的肚儿。

为了表达自己的决心，阿蒙霍特普四世把『阿吞』放入自己的新名字里，改名为『埃赫那吞』。

埃赫那吞站在车子上，迎着太阳张开了自己的双臂，火热的阳光照射在他的身上，让他心中的那团烈火燃烧得更加旺盛了。

但是我就长成这副丑样子，又有什么不敢让人知道呢？

他伸出了右手，似乎想抓住那些透过窗户照射进来的阳光。

那个大头细腿的埃及法老

埃及的历史漫长而悠久，接下来要讲述的这位法老应该不是最有名的，却非常有特点，他从长相开始就显得特别不一般。史奇和哆哆在博物馆中与他相遇，通过"历史回放"让他的历史复活了起来。一起走近他吧，感受他的光芒。

那个大头细腿的埃及法老
——埃赫那吞

●郝天晓

哆哆：史奇，我给你猜个谜语啊！

史奇：好啊！好啊！

哆哆：什么东西，大大的脑袋，细细的腿，肥肥的屁股，鼓鼓的肚儿？

史奇：嗯……是刚做完瘦腿训练的肥猪吗？

哆哆：什么肥猪啊！我看你是猪肉吃多了，都变成猪脑子了。

史奇：哦……我知道了，是得了脑肿大的青蛙！

哆哆：天哪！恭喜你！

史奇：哈哈，我猜对了！

哆哆：对什么呀！我是恭喜你终于挖掘出了你脑子里的幻想潜力。如果青蛙能得脑肿大，那乌鸦也能长牛皮癣了。

史奇：哎呀，到底谜底是什么呀？你就别卖关子了。

哆哆：好，我告诉你，谜底就是埃及的法老埃赫那吞。

史奇：啊？怎么会有长相如此奇特的人？

哆哆：不信的话，我领你去埃赫那吞博物馆看看。

趣味问题抢先猜

为什么埃赫那吞喜欢把蛇缠绕在身上？

对于这个问题，你可以先找找资料，也可以在下文中找答案。总之，开动脑筋就对了！

向阿蒙大神宣战

　　阿蒙神在古埃及有着不可替代的地位，从雕塑到铭文，很多物件上留下了阿蒙神的影子，上至法老下至平民百姓都极其推崇阿蒙神。不过却偏偏有位法老逆道而行，他不仅推翻了阿蒙神，还大肆清理阿蒙神的痕迹。那么这个"胆大包天"的法老是谁呢？他就是古埃及第十八王朝的法老埃赫那吞，原名尼费尔萨普鲁拉·阿蒙霍特普。

清晨，那个带着诗人气质的年轻人眺望着远方的卡尔纳克神庙，看着太阳缓缓地从地平线上升起，金灿灿的阳光照射在神庙那高耸入云的石柱上，竟像是为那些石柱镀上了一层纯金的外壳。宏伟壮丽的神庙在阳光的映照下，显得更加神圣而不可侵犯。

一旁的侍从恭敬地低声问道："殿下，您真的要去那里吗？"

"当然，阿伊。"被称作殿下的年轻人露出了一丝微笑，长长的睫毛下闪烁着梦幻似的目光，"我即位之后还从没有出去过。听说神庙那里每天都会有很多人去祈福，所以我们也去凑凑热闹。"

年轻人说得没错，确实每天都会有很多埃及人去卡尔纳克神庙，因为这座供奉着太阳神阿蒙的神庙是整个埃及最大的神庙。它的神圣性是其他神庙不可比拟的，而神庙里的祭师们也拥有着几乎可以左右王权的力量。

换上便装的年轻人带着侍从阿伊穿梭在卡尔纳克神庙那如森林般的石柱之中，欣赏着圆柱上那些丰富的浮雕和彩画，上面还雕刻着一些歌颂逝去法老们的铭文。

阿伊小声对年轻人说："殿下，以后您的丰功伟绩也一定会被后人雕刻在这些柱子上，而且一定会比其他法老多得多。"

年轻人皱了皱眉头，轻声责怪阿伊："都说了别叫我殿下了，当心暴露身份。"

阿伊忙躬身认错："下次不敢了。"

这时一个祭师走过来，拦在年轻人和阿伊的面前："请问，两位是来祈福的吗？"

年轻人见祭师的表情很异样："是啊！有什么不妥吗？"

"非常不妥。"祭师故作神秘地说道，"您二位身上有恶灵附身，如不施法驱赶，轻则家宅不宁，重则家破人亡。"

"你别胡说！我家主人身上怎么可能有恶灵附身？"阿伊生气地问道。

"放肆！"祭师对阿伊怒喝道，"我是阿蒙神的祭师，我的一切言行都是遵照阿蒙神的指示。你质疑我，就是对阿蒙神不敬，就要受到严惩。"

年轻人知道亵渎神灵的罪过不轻，就忙把阿伊拉到身后，暗示他别再说话，然后转身问道："请问祭师，那怎么才能清除我们身上的恶灵呢？"

祭师竟然没有继续追究阿伊，而是从身上掏出了一些符咒："这些符咒都是阿蒙神赐给神庙的，戴在身上可保平安健康，贴在家门上可以保家

宅兴旺。像二位这种已经被恶灵附身的，一定要多用些符咒才行。"

"那需要多少张符咒呢？"年轻人顺手拿过一张符咒仔细端详着，发现它只不过是一张普通的纸条，上面乱画了一些符号而已。

祭师装模作样地扳动着手指："至少需要三十个符咒，分别缝在衣服上的三十个部位，这样就可以把恶灵驱走。现在几乎每个来神庙祈福的人都会买几张符咒回去。"

"真是荒谬！"年轻人低声骂道。

但是祭师似乎并没有听到，因为他正在算一笔账："一张符咒的价格是一个金德本，三十张就是三十个金德本。"

祭师对着年轻人伸出了三个手指："您只需付三十个金德本，就可以驱走恶灵，永享安宁了。看您穿着这么华丽，三十个金德本对您来说应该不是什么难事。"

年轻人轻蔑地一笑："三十个金德本对我来说确实不是难事，但是如果我不想买呢？"

祭师脸色一变，恶狠狠地说："那你不仅会被恶灵终生缠身，而且再也不会得到阿蒙神的庇佑！"

"那我倒要看看被恶灵终生缠身是什么感觉，而且我想我从今天开始也不再需要阿蒙神的庇佑了！"说罢年轻人拂袖而去。

祭师狠狠地瞪着年轻人的背影，他不知道刚才和他说话的正是刚刚即位的新法老——阿蒙霍特普四世。而且他也根本不会想到，他们刚才的这番对话让这位年轻的君主下定了一个非常大的决心。

祭师们卖符咒大肆敛财，依仗权势左右官府，他们的无法无天让阿蒙霍特普四世终于忍无可忍，他凭着青年人不畏一切的勇气，向阿蒙神的宗教和祭师们宣战了。他对所有人宣布："世间唯有太阳神阿吞才是真神。"

由此，一场阿吞神代替阿蒙神的宗教改革开始了。为了表达自己的决心，阿蒙霍特普四世把"阿吞"放入自己的新名字里，改名为"埃赫那吞"（意为有益于阿吞者）。其间，很多歌颂阿吞神的诗歌被创作出来，其中就包括著名的《阿吞大颂歌》。

你不知道的历史

德本是什么？

德本是古埃及的重量单位。在埃及未形成真正的货币体系之前，就以德本为依据进行以物换物，媒介是金、银、铜三种金属。金、银、铜三者比例为1:2:100，也就是1个金德本等于2个银德本、100个铜德本。

埃及的太阳神到底有几个?

拉: 是古埃及最著名的太阳神,在中王国和新王国时代拥有绝对的权威。形象被描绘成慈祥年迈的老者。

阿蒙: 常被描绘成头戴两片羽毛,手持一根权杖的英俊男子。公羊和雌鹅是他的神兽。他的崇拜中心位于底比斯 (Thebes),在中王国时期,他的重要性达到了顶峰。

阿吞: 旭日初生时的太阳神,多被描绘成红色日盘,从圆盘上射出的光芒代表着阿吞神无处不在,给万物带来生机。

阿图姆: 晚上的太阳神。

此外,不同的太阳神在特定历史时期也有合并在一起的时候,比如拉-阿图姆、阿蒙-拉。

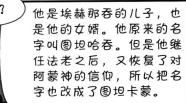

清理阿蒙的痕迹

这个"胆大包天"的埃赫那吞不仅宣称唯有阿吞才是真神，除阿吞神之外的所有其他神道都是非法的，而且还关闭了除阿吞之外的一切神庙，并且在所有铭文中清除"阿蒙"这个名字。很是不得了吧？虽然埃赫那吞的这场宗教改革激起了很多守旧大臣的反对，但是这个被后代历史学家推断患有狂躁症的法老，力排众议，坚决要把改革进行到底。

历史回放

7月的埃及炎热而干燥，闷热的风把整个埃及都包裹在里面，让人透不过气来。站在脚手架上的石匠们叮叮当当地忙碌着，他们要做的是把之前雕刻在石壁上的阿蒙神与其妻子姆特和奈库贝特女神的名字全都清除掉。

整块石壁被凿得凸凹不平，非常难看，但是工匠们并不需要担心法老的责罚，因为这就是埃赫那吞想要的。

"很好。"前来视察的埃赫那吞坐在马车上满意地看着工匠们的破坏成果。

埃赫那吞不仅禁止在碑刻、铭文中出现阿蒙神的字样，甚至在生活中也不可以说出这三个字。

不甘心退出宗教舞台的阿蒙祭师们终于煽动起一群文武百官拦住了埃赫那吞的马车。

熙熙攘攘的人群把埃赫那吞的马车围在了当中，让本来就闷热的天气显得更加让人透不过气来。工匠们也渐渐地停下了手中的工作，好奇地向下面望去。

那些曾在阿蒙霍特普三世在世时便在朝为官的老臣们一一列举了埃赫那吞的"罪过"。

"阿蒙神的地位不可替代！"

"您怎么可以重用身份低下的涅木虎呢？"

你不知道的历史

涅木虎是什么虎？

涅木虎既不是橡皮泥捏的虎，也不是木头刻的虎。在埃及，涅木虎意味着"贫穷的""孤独的""微末的"人群。埃赫那吞改革时，为了获得更大范围的支持，提拔了很多涅木虎，其中包括被升为全国马倌的阿伊。

"阿蒙神庙的祭师们尽忠职守，不应该把他们赶走！"

你一言我一语的嘈杂声像苍蝇一样在这位年轻法老的耳边飞来飞去，埃赫那吞挥了挥手，仰头看了一眼天上那圆盘般的太阳，笑了。他想起工匠刚刻好的那个浮雕，上面的阿吞神就是太阳的形状。

"在你们的情绪激动到无法克制之前，我还有个消息要告诉你们。"埃赫那吞说，"我要清理所有包含我父亲名字的碑刻，把我父亲名字里的'阿蒙'全部去掉。"

"天哪！您是不是疯了？这是对死去法老的不敬，是大逆不道！"为首的大臣张开双臂大喊。

"如果能让我的臣民都受到阿吞神的庇佑，我疯一次又如何？"埃赫那吞指着天上的太阳朗声说道。

"可恶的阿吞神，我诅咒你！还我阿蒙神，阿蒙神！"那位大臣明显也疯癫了，竟然诅咒起法老推崇的太阳神。

"阿蒙神！阿蒙神！"其他大臣也随之附和着，一浪接着一浪的喊声震动着整座底比斯城。

"放肆！"埃赫那吞大怒，"既然你们这么信奉阿蒙，那你们就一辈子待在底比斯吧！我马上就要迁都了，在我的新都城里，我不要见到你们中任何一个。我要重新组建朝廷，就提拔你们最看不起的涅木虎。阿伊，我们走。"

阿伊甩动了一下鞭子，马车在人群中间缓缓开动了。埃赫那吞指着那些正在看热闹的工匠："有什么好看的，快干活！"

距离埃赫那吞最近的那个工匠被吓得一激灵，手里的凿子脱手而出，正好砸在了那位诅咒阿吞神的大臣头上。那位倒霉的大臣，只"啊"的一声便扑倒在地，一动不动了。

"哈哈哈！看到了吗？这就是诅咒阿吞神的下场。只有阿吞神才是世间唯一的真神，是它创造了万物，是它创造了整个世界。"埃赫那吞站在车子上，迎着太阳张开了自己的双臂，火热的阳光照射在他的身上，让他心中的那团烈火燃烧得更加旺盛了。

超级擂台赛
埃赫那吞PK中国皇帝

埃赫那吞说他的宗教改革力度最大、范围最广、影响最深远，这话可让三位中国皇帝不干了。哪三位呢？听说过著名的"三武灭佛"吗？就是北魏太武帝、北周武帝、唐武宗，他们都曾掀起过声势浩大的反佛运动，这三位皇帝对佛教的打击力度一点也不亚于埃赫那吞对阿蒙神的打击力度，烧寺庙、驱沙门、毁佛像。不过埃赫那吞和这三位中国皇帝到底谁厉害，光靠说可不行，得拿实际证据PK一下才能知道结果。

擂台口号

要文斗，不要武斗，要舌斗，不要械斗。

ROUND 1 埃赫那吞PK北魏太武帝

想我灭佛那时候，那规模、那阵势是相当相当骇人……

这是擂台赛，不是评书赛，不许学单田芳！

……知道了……我灭佛的时候，让50岁以下的沙门全部还俗服兵役。上自王公，下至庶人，谁家私养沙门，灭他全家。厉害吧？哈哈哈！

如此残忍，愧为皇帝，红牌罚下场。埃赫那吞，你有什么说的？

ROUND 2 埃赫那吞PK北周武帝

我灭佛那时候，虽然毁寺4万，强迫300万僧尼还俗，但是没有屠杀任何一名僧侣。很有善心吧？

现在比的是谁的宗教革命力度大，不是比谁是慈善家。你不符合参赛标准，罚你下场。

埃赫那吞，你有什么说的？

……

ROUND 3 埃赫那吞PK唐武宗

我灭佛的时候，拆毁了所有寺院、佛堂，让僧尼全部还俗。把铜佛像熔了铸造铜钱，把铁佛像熔了铸造农具。据《入唐求法巡礼行记》记载，当时到处"僧房破落，佛像露坐"，"寺舍破落，不多净吃；圣迹陵迟，无人修治"……

停！保安，这里有个不说普通话的，简直就是破坏民族团结，破坏国家统一，把他赶出赛场。现在三位选手都已经出局。我宣布，最后获胜者为埃赫那吞。

埃赫那吞，你有什么话想对大家说吗？

我想说的是，在比赛之前搞定裁判才是最重要的。

快帮埃赫那吞的侍卫解解围！

为了让更多的百姓崇信阿吞神，埃赫那吞命人制造了很多太阳形状的胸章，不过他那个可怜的侍卫却不小心打翻了装胸章的盒子，虽然大部分胸章都被他找到装回了盒子里，不过还有14枚他怎么也找不到。亲爱的观众们，快帮他找找吧！否则埃赫那吞可是会惩罚他的呀！记住，一共是14枚！

让艺术走上写实的道路

埃赫那吞迁都之后，旧都底比斯很快便没落了，而繁荣起来的则是新都城埃赫太吞。新都充满了新的建筑和新的艺术气息。埃赫那吞鼓励艺术家们自己创作，因此当时著名的艺术家Bek、Auta、Nutmose得以跳出祭师及传统圈子，自由地描绘自己的心灵，描绘大自然，留下了很多极具历史价值和艺术价值的珍品。埃及艺术开始摆脱僵化的陈规旧套，步入了艺术发展的新时期。

历史回放

埃赫太吞的法老宫殿金碧辉煌，无论是墙壁上的浮雕还是转角的装饰，处处都透着崭新的气息。

在弥漫着青草气息的后花园里，皇后涅菲尔提提正在和女儿们欣赏工匠们刚刚制作完成的雕塑。

小公主们围着母亲的雕塑赞叹不已。

"妈妈的雕像好漂亮。"

"和妈妈好像啊！"

"那红红的嘴唇和妈妈一模一样。"

孩子们说得一点没错，这尊塑像完全展示了涅菲尔提提的真实气质。那姣好的面颊、柔和的五官、天鹅般的颈部、高耸的王冠，还有那栩栩如生的着色，把这位尊贵高雅的皇后刻画得楚楚动人。

涅菲尔提提皇后轻抿着嘴唇，满意地看着自己的塑像。难以言表的幸福感洋溢在她的心头。就在前不久，她的丈夫赐给了她"幸福夫人"的封号，并且对神发誓："有了皇后和她为自己生的七个女儿就已完全心满意足了。"

第二件作品则让小公主发出了尖叫："那个是我！是我在吃鸭子！"

"看你的小贪吃相。"她的姐姐们一边赞叹着工匠的精湛手艺，一边取笑着她们的小妹妹。

那个小公主吃鸭子的浮雕，把她天真可爱的一面完全展示了出来，这种非常具有生活气息的浮雕不仅让公主们非常喜欢，也让涅菲尔提提皇后的眼睛为之一亮。

不过第三尊雕塑却让他们惊讶不已，那是埃赫那吞的塑像。只见那塑像大大的脑袋，细长的四肢，鼓鼓的肚皮，宽宽的臀部，和以往那些庄严肃穆的法老塑像完全不同。

大公主最先发怒了："大胆，你怎么把我父亲雕得这么丑？"

"是所有法老塑像里最丑的！"

"你是不是不想活了？"

公主们三言两语地谴责着，吓得那个工匠赶紧跪下来磕头谢罪。

"是殿下让我按照他的样子雕成这样的。"工匠把头埋在双膝之间战战兢兢地解释着。

"胡说！我父亲怎么可能让你把他雕成这个样子呢？这让后人看到，不得把我父亲当成笑柄了吗？"大公主怒气冲冲地质问他。

"我本来就长成这个样子嘛！为什么不能雕成这个样子？"埃赫那吞的声音从她们身后传了过来。

只见埃赫那吞满意地打量着那尊雕像："很好，雕得很像。我就是要让后人知道埃赫那吞就是长成这个样子。"

"殿下……"涅菲尔提提有点不明白丈夫的意思。

埃赫那吞笑着对皇后说："以前所有的法老雕塑都把法老雕成了大帅哥，但是实际上他们都是帅哥吗？肯定不是。雕塑的意义就是要再现原貌。你们看，皇后的头像，和我小女儿的浮雕不都是遵照现实雕出来的吗？多生动，多好看啊！"

"可是父亲……"大公主还是不太情愿。

"我知道你的意思。"埃赫那吞抚摸着大女儿的头，"但是我就长成这副丑样子，又有什么不敢让人知道呢？"

"或许，这尊雕塑确实会是所有法老雕塑里最丑的，但是它却是最像法老本人的雕塑。"埃赫那吞遥望着远方，"我敢说，它会是最吸引后世的一尊法老雕塑。"

大公主眨了眨眼，似乎听懂了，又似乎没听懂。

不过即便没懂也没有关系，因为那股现实主义的艺术之风，很快便会吹遍整个埃及。

尾声

　　尽管窗外的阳光非常明媚，但是埃赫那吞寝宫里的所有人都阴沉着脸。他们的法老已经卧病在床，也许将不久于人世。

　　"父亲，喝点药吧？"埃赫那吞的儿子图坦哈吞端着一碗药汁跪在病榻前。

　　埃赫那吞费力地摆摆手："不想喝……"

　　片刻，他似乎想起来什么，混浊的眼睛费力地在人群中寻找着："皇后怎么没来看我？"

　　图坦哈吞为难地低下了头，好半天才鼓起勇气对他的父亲说："她已经过世好几年了，她当时染上了瘟疫，您忘记了。"

　　"唉——"埃赫那吞长长地叹了一口气，"儿子，你今年多大了？"

　　"九岁。"图坦哈吞回答。

　　"知道我为什么给你起名叫图坦哈吞吗？"

　　"知道，它的意思是阿吞的化身。"

　　"对！你是阿吞的化身。"埃赫那吞的眼睛里迸发出一丝光亮。他伸出了右手，似乎想抓住那些透过窗户照射进来的阳光。"所以你要让'阿吞神'的光芒照遍整个埃及，绝对不能让阿蒙神死灰复燃。"

　　"我会的。"图坦哈吞的回答软弱无力，因为他知道阿蒙神已经开始死灰复燃了。那些被赶出神庙的祭师正酝酿着新的宗教革命。但是为了弥留之际的父亲，他只能违心答应着。

　　"那我就放心了。"埃赫那吞攥紧了拳头，似乎已经把暖暖的阳光攥进了手心，但片刻，那个拳头便像失去了所有力量一般松开了。手里的"阳光"也随之飘散了。

　　公元前1362年，这位富有诗意的君主埃赫那吞辞世了，带着他的向往，也带着他的遗憾。

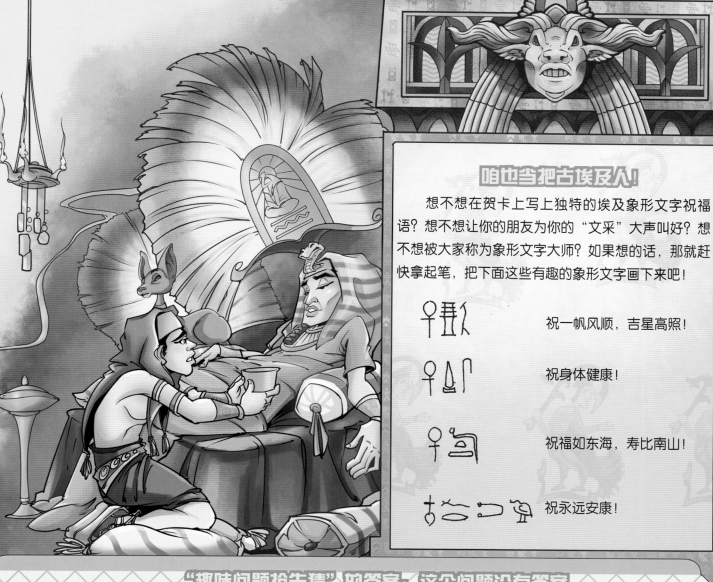

咱也当把古埃及人!

想不想在贺卡上写上独特的埃及象形文字祝福语？想不想让你的朋友为你的"文采"大声叫好？想不想被大家称为象形文字大师？如果想的话，那就赶快拿起笔，把下面这些有趣的象形文字画下来吧！

祝一帆风顺，吉星高照！

祝身体健康！

祝福如东海，寿比南山！

祝永远安康！

"趣味问题抢先猜"的答案：这个问题没有答案。

埃赫那吞并没有这个嗜好，这个问题只不过是为了给大家做个心理小测试而瞎编出来的。别着急，我可不是有意要捉弄你们。仔细看好下面的解释吧！

A.直接翻到这一页的读者：你们做事喜欢走捷径，不是很循规蹈矩，愿意尝试新鲜事物，具有冒险精神，但是有的时候也会因为心急而把事情搞砸，所以不妨在热血沸腾的时候先把心静下来，仔细考虑之后再去行动。

B.读完全文后翻到这一页的读者：在父母和老师眼中，你们是按部就班的好孩子，不喜欢不劳而获，做事谨慎而有计划，但是却少了一些创造力和想象力，生活也因此缺少了一些冒险的乐趣。

C.只读完一半文章便翻到这一页的读者：你们有着雄心壮志，却常常因毅力不足而功亏一篑；常常和诱惑作斗争，却又常常输给诱惑，所以在生活中需要锻炼自己的毅力和耐力。

话说天下大势，分久必合，合久必分。

一石子打过去，除了水声竟然听见一声惊叫，再看河里竟然站起来个金发碧眼的小男孩。

『哥哥，洛泰尔不是皇帝的大皇孙的名字吗？』莱宁一脸惊愕。

所以，这个国家一定会发生战争，而且必将是一场鱼死网破的恶战。

鲜血染红了弗兰克的家徽，安东用自己的生命捍卫了家族的荣誉。

三分
欧罗巴

　　世界的版图总在变化，欧洲更是面积不大却有很多国
家，而且直到近些年还时有变化。今天咱要讲的是欧洲的
核心区域——法国、德国和意大利在历史上一次重要的版
图变化。当然，按照惯例，"复活的历史"要把故事讲得
生动，咱们这次就从几个童年的小伙伴说起吧！

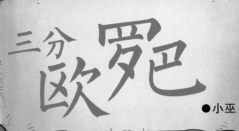

三分欧罗巴

●小巫

罗贯中先生在《三国演义》的开头说过：话说天下大势，分久必合，合久必分。正是这些分分与合合，铸就了今天我们看到或者仍未知的、风云变幻——我们称之为"历史"。历史的有趣之处在于，总有些事能够超越时间和空间的阻隔惊人地契合。也许你今天参与的事件，在历史上就曾经发生过，比如我们熟知的"三国分天下"，在其六百多年后的欧洲同样发生过……

正如我们的国家并非一开始就是今天的这个样子，世界其他地方也是如此——欧洲并非今天的欧洲。大多数时间，整个欧洲处于一种混乱不堪的状态——征战和反抗、侵略与被侵略……但第一次在较长时间内统一欧洲的是古罗马帝国。随着古罗马帝国的崩溃，欧洲统一的平衡也随之打破。只是没人想到，古罗马帝国居然葬送在一群完全没被别人放在眼里的"蛮族"手中。

是谁终结了古罗马？

日耳曼人是欧洲几个原始部落中的一支。

当古罗马人正沉浸在高度文明中时，日耳曼人还在用石片刮胡子。

还是没有手臂比较美。

我刮……

野蛮人

这些曾经被称作"蛮族"的日耳曼人中有一支逐渐壮大起来，在未来的一百多年里逐渐统一欧洲各部分，最终建立起一个盛极一时的帝国——法兰克帝国。然而，今天我们故事的主角并不是驰骋在战场上的帝王和英雄，而是那些面临着岌岌可危的困境的人们……

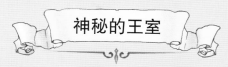

现在是公元801年，在去年的圣诞节，法兰克王国鼎盛时期的统治者查理陛下刚刚被加冕为皇帝，也就是现在所说的查理曼（曼即是大帝之意）。他领导曾经的法兰克王国、现在的法兰克帝国成为欧洲最强的国家。不过我们现在看到的地方不是教堂，而是一所小学学堂。

在眼下这个学校里，最苦的就是这群小学生了。一个个小额头上，精致的鬈发早已被汗水打得湿透，却还是要正襟危坐地用加洛林小草书体抄写古希腊著作。

看起来和今天的英语有点像，你也来学写一种新字体吧！

加洛林小草书体是法兰克王国现在的统治家族——加洛林王朝的官方字体，是一种清秀优美的拉丁文，也是后来英、法、德各种欧洲语言的字体的雏形。

karolingische minuskel

在学校中学习的小孩子们绝大多数是贵族的子弟，现在学好了书写，将来前途一片光明。但是，和抄写半懂不懂的"大部头"相比，当然还是偷偷溜到小溪边洗洗脸来得痛快。

趁着讲台上花白胡子、视力还不太好的老师背过身去，教室的后门轻微地开了，又重新关上，就像一丝风把门吹上一样。

12岁的莱宁·弗兰克扭头看了一眼身边的空位，叹了口气：哥哥又逃课了。

此刻我们的大英雄，莱宁的哥哥安东·弗兰克正在小溪边玩水玩得开心。这小子今年14岁，他早就把自己洗了个干净，现在正披着衬衫露着肚皮，拿着一块从河边捡的小石子儿打水漂玩。一石子打出去，除了水声竟然听见一声惊叫，再看河里竟然站起来个金发碧眼的小男孩，他眉目秀气，还是个幼童，如果不细看，倒像个女孩。

"你是谁？"安东有点惊奇，这条小溪是从王城的方向流过来的，平时很少有小孩子过来。安东眼光一溜，看到稍远的地方摆着一套叠好的衣服，料子上乘，做工精细，但不是贵族常见的款式，倒像是宫里内侍的样式。

安东恍然大悟，一把攥住那孩子的手腕："小子，你是不是从那里逃出来的？"一边伸手指了指远处宫殿那华丽的的房顶。

这小孩有点恼怒，却一眼瞥见安东衬衫上缝着的家徽："你是弗兰克家的？"

正在这时，岸上突然传来一声焦急的呼唤："哥哥，快上来！"喊他的不是别人，正是弟弟莱宁。

莱宁气喘吁吁，一看就是刚刚一路跑过来的。跑到近前才发现哥哥身边有个不知所措的漂亮孩子，"明天考试的题目是帝国的历史——哎，他是谁？"

那孩子正打量着莱宁，突然听他说到帝国历史，一下子来了兴致："我在查理曼身边做事。你们想知道这个王国的故事吗？那就我来告诉你们吧。"

安东正为莱宁带来的"噩耗"愁眉不展，忙问道："这些事情你都知道？"

小侍童对他笑笑："我们要熟读拉丁文和历史，好歹也是我们家的家事。"

莱宁心里暗自奇怪，这孩子不过是个侍童，怎么说当朝事情都是他的家事呢？"哎？我好像在哪儿见过他……"

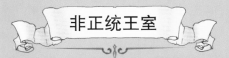

非正统王室

午后的阳光洒在御花园里，懒洋洋的。查理曼坐在藤椅上，不禁回想起自己父辈的往事。那个小侍童坐在他的脚边。查理曼抚摸着他头发道："很多人说我们家的王位并不名正言顺，你怎么看？"

小侍童很了解查理曼，虽然在战场上他杀人如麻，宛若死神附体，但私下里却是一个热情的人，于是大着胆子说："这事还得从咱们加洛林王朝的建立说起。我们伟大的先皇、王朝的创立者丕平本是宫相之子。虽然他的父亲查理·马特是一名强有力的统治者，但由于没有得到教会的承认，最终也没能登上王座。这是多么大的遗憾。"

法兰克王国采取的继承传统是国王死后由诸子平分领土，所以很多时候领地的统治权都落在王太后和宫相（类似中国的丞相，帮助国王处理政事）手中，导致各王国总是陷入混战之中。查理·马特就是宫相中的代表人物。723年，他带领法兰克人击退了正日渐强大的阿拉伯人，阻止阿拉伯人进一步吞噬西欧。

"不错，看来你很认真地研读了历史。那为什么现在的人们全都心甘情愿归附于我们？"查理曼慈爱地鼓励他继续说下去。

"那时教皇正受到当时统治着意大利地区的伦巴第人的侵略和威胁，于是先皇出于对上帝的信仰和对教皇的敬重为教皇提供了军事上的支持。就这样，先皇的地位终于被上帝正式承认，开创了新的王朝。当时的先皇真可谓春风得意，那个末代'懒王'希尔德里克三世（当时与丕平争夺权力的国王，因为懒于政务，被称为'懒王'）就被扔在修道院里了！或许是因为上帝实在太偏爱我们法兰克王国，在两年后伦巴第人再次威胁罗马，新教皇斯蒂芬二世冒着风雪，翻过阿尔卑斯山脉前往法国，亲往基尔西向先皇求援，亲自为先皇再次涂圣油、加冕。先皇一直想得到罗马教皇的承认，没想到天佑法兰克，这么快就实现了……"

等等，加冕皇帝干吗还要涂油？

在基督教传统中，油脂是贡献给上帝的最佳祭品，同时也象征上帝赐予人的恩惠。这个传统延续到中世纪，随着基督教在欧洲占据了绝对统治地位，"涂油礼"的含义中又加上了世俗的政治权力。

看来皇帝这活儿也挺不好干的。

作为回报，在正式被教皇加冕的两年后，先皇两次出兵意大利，打败伦巴第（今意大利北部）人，将夺得的拉凡那到罗马之间的"五城区"赠给教皇，构成了今天的"教皇国"。这个事件被称为"丕平献土"。

等到那孩子给弗兰克兄弟讲完了这一段历史，天色已经擦黑了。安东看了眼快沉没的夕阳，一拍大腿，惊慌地对小侍童说道："怎么办？这么晚了你回去会不会挨骂啊？"

那孩子边走边回头对他笑了一下："今天宫里有舞会，嬷嬷们都去看夫人小姐跳舞了，哪来的闲工夫教训我……对了，告诉你们，我叫洛泰尔！"话音还未消失，人就跑远了。

"哥哥，洛泰尔不是皇帝的大皇孙的名字吗？"莱宁一脸惊愕。

"啊？？"

大帝降临

在此后的日子里，弗兰克兄弟从侍童"摇身一变"为大皇孙洛泰尔的侍从。他们从洛泰尔口中得知了很多关于法兰克王国和查理曼大帝的往事。在洛泰尔的绘声绘色之下，那些策马扬鞭和攻城略地的场面变得特别生动，两兄弟经常听着听着就忘了时间。同时，鲜血和死亡又令他们胆寒，尤其是莱宁，"为什么一定要通过战争去抢夺其他部族的领地？"

"因为我们是这个国家的统治者，不仅要保卫我们的领地，而且要让我们的人民过上更好的生活。"洛泰尔说这话时，眼里闪烁着野心勃勃的光。他这时候又长大了些，面容上逐渐褪去了幼时的稚气，浑身都笼罩着这个国家未来主宰者的光芒。

"没人能够超越查理曼，他的成就我无法企及，而他踏遍的战场则是你们永远也不会见识到的场面！"查理曼是洛泰尔永远的偶像，他从来不吝惜自己对祖父滔滔不绝的崇拜……

当查理曼没被封为大帝时，还只是查理王子。他和弟弟卡洛曼按照日耳曼人的传统将父亲留下来的帝国分而治之，但是后来卡洛曼突然病亡，于是他接管了卡洛曼的封地。总跟教皇作对的伦巴第国王这次站在了查理的对面。他不仅接纳了逃亡的卡洛曼的遗孀和儿子们，而且还支持他们争夺卡洛曼的封地。公元771年，伦巴第大举进攻支持查理的教皇国。

教皇国区区弹丸之地怎么能抵挡得住？教皇哈德良一世只有向查理求助。公元774年，查理率军翻越阿尔卑斯山脉，进军伦巴第。

当时的查理32岁，全身从手指到大腿都披挂着铁甲，手持铁矛，身佩铁剑，胯下的战马也是铁灰色，整支军队的装备都和他相同。因此当伦巴第国王站在高塔上远眺查理的军队时，简直吓破了胆。

正在伦巴第国王叫苦连天之际，他身边陪伴着一位原法兰克王国的贵族，因为触怒了查理而投奔了伦巴第国王。此时那人正在给伦巴第国王做查理大军的解说员："陛下，您看天边，查理的军队就会从那里过来。"

伦巴第国王大惊失色，因为他明明看到了庞大的军队如一片巨大而重滞的乌云，缓缓地向着他们的方向移动过来。他失声道："难道那不是查理的军队吗？"

"相信我，陛下，那只是查理的辎重马车而已。"这时候一支庞大的骑兵队伍出现在伦巴第国王的眼前，他忙问道："查理在不在这里？"

那位贵族很有把握地说："这只是查理的先头部队，和他的主力相比，这只不过是冰山一角啊！"

"什么？！难道他还有更强大的军队吗？"伦巴第国王此时早已是一身冷汗。突然他指着远处失声大喊："查理！查理来了！"

那位法兰克的贵族早已绝望，知道自己终将难逃一死。他勉强开口道："不，陛下，这只是查理的亲随，这部分是主教、修道院院长和教士组成的队伍。"

这时，天边出现了一支只能用恐怖来形容的军队——不仅仅是因为它人数众多而军容严整，也不仅仅是因为它装备精良、所向披靡，光是它所到之处，天色都因为生铁的反光而变得昏暗，河流也因为兵刃的映照流成一路铁溪。这支军队称得上是中世纪最威武强大的屠杀利器——查理的王牌之师！

伦巴第国王这次真的是"曹操背时遇蒋干"——倒了大霉！

真正到了兵临城下的时分，查理的大军用兵刃的反光将城下照得有如正午，但是对于伦巴第人来说，自己的命运正停在傍晚，日薄西山。

最后这位老国王只好投降。查理的儿子当上了伦巴第国的总督，而老国王自己，则受到了终身放逐的惩罚。

公元800年的圣诞节，查理被罗马教皇加冕为查理曼大帝，这是他人生的巅峰，也是帝国的顶点。

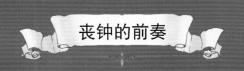

丧钟的前奏

讲完这一段故事，洛泰尔看着还恍恍惚惚的兄弟俩，扑哧一声笑了出来。

"查理曼是真正的英雄！"刚醒过神来的安东激动不已，"我的梦想就是像他一样，在战场上为我们的国家和人民效忠！"

"以后还想听故事的话，要答应我一个要求，不然这就是我给你们讲的最后一个故事。"洛泰尔不知道又有什么鬼点子。

"尽管说，我们都答应！"兄弟俩简直和鬼迷心窍了一样。

"以后见面只有我们仁的时候，你们不能叫我什么皇孙或者殿下之类的，要叫我老大。"

"知道了……"兄弟俩无奈地答应着，不过为了以后还有故事听，叫什么都愿意。

"真羡慕你们兄弟感情这么好。"洛泰尔的眼神突然黯淡起来，有一种忧伤蔓延在他脸上。

"老大也有很多弟弟和妹妹啊，你们感情不好吗？"莱宁这个没脑子的东西，听到弟弟问出这样的问题，安东心里暗骂。

"呵，现在好，可以后谁能说得准呢……"

一瞬间，三个人同时陷入了沉默。

转眼到了公元814年，查理曼去世了。这位叱咤风云的皇帝不会想到，数百年以后他的名字竟然被用来形容赢了钱就走的赌徒。他把整个帝国留给他的三个儿子。其他二子短命，有着"虔诚者"之称的路易成了帝国唯一的统治者。在817年，他颁布了法令，要求帝国必须统一，并封大皇子洛泰尔为副皇帝，指定他作为自己的继承人。

小贴士TIPS

从罗马帝国的戴克里先开始，王国有设立副皇帝的传统。主皇帝是王国最高统治者，副皇帝的主要责任是辅政。

这时候洛泰尔已经有了两个弟弟——丕平和日耳曼人路易。不过，皇帝同时也颁布了《授权诏令》，为自己的三个儿子划定了在他死后各自的封地，当然，是在承认大皇子洛泰尔的皇权的前提下。

"老大，你怎么愁眉不展的？"说话的是莱宁。父亲弗兰克公爵年事已高，行动不便，哥哥安东只喜欢摆弄他的铁甲和利剑，讨厌整日坐在议事厅里听那些大臣汇报些无关痛痒的问题，只好由莱宁代替父兄参与政事。

莱宁发现自从皇帝路易颁布了那法令之后，洛泰尔便有些忧郁。

洛泰尔道："我今年22岁，父王封我做副皇帝，还指定我做继承人，这不是好事，还可能是祸事！"他的嘴角流露出一丝难以捉摸的笑容，"我真的需要做些什么了……"

当时，莱宁并没有完全听懂洛泰尔的意思，但他突然发现当年那个站在水边粲然一笑的洛泰尔变了。

回到家中，莱宁和安东说起了这事。

莱宁摇头道："教会封他为'虔诚者'，他未免也太虔诚了。不不，他简直就是荒唐。明明只是房间坍塌的事故，只不过和耶稣受难日恰巧是同一天而已，皇帝陛下他竟然觉得那是上帝对他的暗示——自己会被老人家接回天上。不然他干吗这么心急，刚即位三年就开始安排自己的继承人问题，接下来恐怕就要交待身后事了！简直就是胡闹，老祖宗的规矩怎么能随便更改呢？他要是有他父亲一半的胆子就好了！"安东双眉紧锁，一语不发。

"不过，老大要是继承了王位，说不定对他是好事。他是皇帝钦定唯一的继承人，他的弟弟们应该就不会因为争夺领地而发生争执。"这时，莱宁仿佛松了一口气，开始为洛泰尔开心起来。

"不。"安东断然否定了莱宁的判断，"从前这些皇子还各自有领地，起码在形式上还是平等的。一旦规定只有一人能成为这个王国的最高主宰，万人之上，那么有谁甘愿屈居人下呢？他们会争夺王位，会比从前更加疯狂地想要击败对手。所以，这个国家一定会发生战争，而且必将是一场鱼死网破的恶战。"

莱宁看着安东毅然决然的脸，想起往日的种种，他知道安东一定会站在洛泰尔这一边，甚至会为他牺牲性命也在所不惜。虽然大了洛泰尔好几岁，但安东深深为这个少年的头脑、见识和心胸而折服。他曾经对洛泰尔说过这样的话："你必将成为一个伟大的皇帝，希望弗兰克家族有荣幸用鲜血来向你效忠。"

"哥哥……"一种不祥的预感从莱宁心头升起。

祸起萧墙

公元823年，虔诚者路易新娶的皇后尤蒂特诞下一子，即历史上所说的秃头查理。这样，又多了一人对王位虎视眈眈。

史奇： 怎么历史学家还给人乱起绰号——秃头查理？

哆哆： 在欧洲，特别是基督教国家，人们都喜欢用一些常见的名字给孩子取名，如路易、彼得、约翰、腓力普、查理、詹姆士等等，或者有时是为了纪念自己的父亲，甚至是祖先。例如法国波旁王朝就对"路易"这一名字情有独钟，有18个国王叫"路易"。这些同名同姓的国王除了靠给自己编号（一世、二世……）相互区分之外，几乎每个人都会有个极其符合特点的绰号，请看右图。从这些绰号里，国王们的形象和个性就可见一斑了。

史奇： 中国也有用常见的名字给孩子取名的传统，用意是比较容易养大。而用祖先的名字给后代取名则是中国的大忌，如果是皇帝的名字甚至全国都要"避讳"。看来，欧洲文化和中国文化的差异非常微妙呢。你还能找到这种类似的异同吗？

路易一世	虔诚者
路易二世	口吃者
查理二世	秃头
查理三世	憨直者
路易八世	狮子
腓力三世	勇敢者
腓力四世	英俊者
……	

"皇帝老来得子，这确实是王国兴旺的征兆啊！人们个个都高兴得跟过节似的。"早朝中的莱宁·弗兰克跟着一群大臣拍老皇帝的马屁。好容易等到结束，莱宁一个人走在回家的路上，冷不防左肩上一沉，想都不用想就知道是哪个。

"皇太子……"

"嘘，居然忘了规矩！"来人果然是洛泰尔。

莱宁只好无奈道："好吧，老大。"

"你对我那个无能的爹怎么看？"洛泰尔丝毫也不掩饰对自己亲生父亲的蔑视，毕竟他已经被册封为副皇帝，也是原来三个皇子中最有可能继承皇位的一个，但是他亲爹路易又给他添了个弟弟，自然让他气不打一处来。

莱宁本就对这些宫廷斗争熟悉不过，此刻心里更是跟明镜一般，于是半开玩笑地说："眼下的情况简直是'秃子头上的虱子'，再明显不过了。皇帝干什么，还不就是皇后一句话？这新皇后自私贪婪，又有了儿子，现在肯定一门心思想从你父皇那里多谋点好处。"

洛泰尔一愣："莱宁你的意思是……"

莱宁突然正经了起来，说道："皇帝很可能会为了你这个还在吃奶的小弟，把之前分给你们三兄弟的封地打乱重新分配，一人匀出一点给这个贪婪皇后的小崽子。"自从听了安东那番决心之后，莱宁整日寝食难安。他不由自主地把大部分智慧倾注到分析宫廷局势上面，比起安东一心想要彰显弗兰克家族的荣耀，他不得不为家人和安东的安全多考虑一些。既然弗兰克家族已经选择站在洛泰尔这一边，那么他就要负责从朝野四处搜罗消息，随时准备应对可能的突发状况。

果然，莱宁的话不久便应验了。公元829年，虔诚者路易修改了《授权诏令》，原本属于洛泰尔的封地被分给了秃头查理。在这种刺激下，原本相安无事的兄弟几人竟然断断续续进行了十多年的混战。父与子、兄与弟，在权力的诱惑面前，无人幸免。伦理与道德的沦丧，只在一念之间。

公元830年，谁也没料到，洛泰尔带着他的两个弟弟发动了一次宫廷政变。他废黜了自己的父王，日夜派人在这个可怜的老人身边看守。年仅10岁的弟弟查理也被囚禁起来，尤蒂特王后则被剃光了头发之后送入了修道院，下场十分悲惨。

然而这一切远未结束，洛泰尔以自己副皇帝的身份想要独霸整个王国。他的两个弟弟丕平和路易当然不同意："当初说好了会分给我们领地，我们才答应与你合作的，不然推翻父王这么大逆不道的事情只有你洛泰尔才能做得出来！"于是，这三人又开始无休止的混战。

无论再混乱的朝代都有终结的时候。此时是公元841年，洛泰尔的父亲和二弟丕平早已去世，只剩下洛泰尔和三弟路易，还有小弟秃头查理做最后的争夺。

一直萦绕在莱宁心头的不安终于成为了现实。

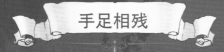

手足相残

战场设在特奈莱思，几条壕沟、一片树林、盘山小道，一队兵马隐在其中，鸟儿被杀气惊飞，寂静无声。这正是洛泰尔的军队，此时的他正带着安东·弗兰克出征迎战三弟路易。

远远的就能看到敌军的帽徽闪光。

"都趴下！准备好！"洛泰尔低声下令，所有的士兵即刻进入战斗状态，就等着安东的叶笛发出暗号——三声鸟鸣。

那小队敌军越来越近。安东这方占有数量上的优势，但是敌军中每个人似乎都有着很强的战斗力，安东在心里默默祈祷着。

敌军小队快到包围圈了。安东拿着叶笛的手开始剧烈地颤抖起来，他看清了来人——那敌方的头领，竟然是三皇子路易。

"今天，我居然要亲手杀人……他是洛泰尔的亲弟弟，是王国的皇子。"安东的心跳犹如擂鼓一般发出巨响，震耳欲聋。"洛泰尔永远不会出错的，他最有资格成为这个国家的君主。"

再近一些，只要再三十步。路易的队伍已经走到了包围圈的正中。与此同时，安东吹响叶笛，三声。

埋伏好的士兵一拥而上。瞬间将路易的队伍冲得七零八落。

昔日总是衣冠楚楚的三皇子身边拼得只剩下十几人，自己的脸上、肩膀和腿上也多处受伤。

"别伤了他，要活的！"洛泰尔分开人群，面对着绝望的弟弟露出了久违的微笑。他勾起优美的嘴角不发一语，就已经是这世界上最巨大的讽刺。每个人都看出这微笑中透出的彻骨冰冷。士兵已经将路易团团围住。路易对洛泰尔的声音再熟悉

不过了。此刻的他望着居高临下看着他的哥哥洛泰尔——太阳在他头顶，那是为他加冕的皇冠。他周身的盔甲反射出刺眼光芒，反而使他变得面目模糊。

"我就知道是你！你从小时候开始就一向如此。"路易嘲讽地笑了笑。

"哈哈，你说得没错。"洛泰尔一拍脑袋，突然想起小时候他们兄弟几个一起玩打仗游戏的时候，自己也喜欢在这样的地形处埋伏下来，然后打路易一个措手不及。

"你鼓动二哥和我背叛了父亲，然后又背叛了我们俩。明天你又将会背叛谁？"为了获得权力，一切都可以被洛泰尔作为交易的筹码。无论是父亲、丕平、查理，或者自己，都只是洛泰尔指间的棋子。等到布局完成，便会沦为弃子。"这不公平，你应该为此付出代价！"尾音还未消失在空气中，路易晃身闪过面前的两个士兵，朝着洛泰尔的

方向冲了过来。

洛泰尔本能地架起长矛格挡。路易一手架开了他的长矛，另一只手直向他的胸膛刺去！洛泰尔再想拔剑相迎，为时已晚。他甚至心里已经认命了，大声向天空发出了嘶吼。

这时，却突然有一个熟悉的身影挡在他身前。安东·弗兰克，他用胸膛接下了这一剑。身边士兵一拥而上，将路易牢牢按在地上的时候，洛泰尔依然惊魂未定。等他回过神来，安东早已经断气了。

"安东·弗兰克，我命令你醒过来！"鲜血染红了弗兰克的家徽，安东用自己的生命捍卫了家族的荣誉。而洛泰尔盯着自己沾满安东鲜血的双手，面如死灰。

安东和莱宁兄弟情深，可是自己呢？除了权力和国土之外，自己得到了什么？为什么就不能像一个平常人那样拥有一个完整的家，有几个互敬互爱的兄弟？

冷不防身后一侧杀声震天，竟然是当初那个最小最不起眼的弟弟——秃头查理领兵杀出！螳螂捕蝉，黄雀在后。在历史中，没人能算出最后的结局。

洛泰尔在亲卫队的护送下狼狈逃走。临走时，他最后看了一眼安东已渐冰冷的尸体。"对不起，莱宁。对不起，安东！"

后记

公元843年，洛泰尔、路易和秃头查理终于停止自相残杀。他们约定在凡尔登缔结条约，法兰克帝国正式解体为中法兰克王国、东法兰克王国和西法兰克王国，领土大概相当于今天的意大利、法国和德国。洛泰尔、路易和查理分别继承王位。至此，欧洲基本从这时候起就一直保持着现在的地理格局。以后这个格局在漫长的历史之中依然有着小修小补，不过那都是后话了。

风雨飘摇的弗兰克家族直到这时才终于稳定，却日渐衰落，最终逃不过湮没在历史长河中的命运。

但是眼下，昔日王宫客厅墙上悬挂的战斧终于换成了一个天使的石膏塑像。大片盛夏的阳光从客厅的落地窗中投射进来，有些灼热。年老的国王正在凝视一个年轻骑士的画像。他精神很好，举手投足尽显君主威仪，只是眼神里透出一丝愧疚的伤感。

那骑士的斗篷上缝着一枚家徽——属于弗兰克家族。

图书在版编目（CIP）数据

复活的历史 / 少儿期刊中心科普编辑部编.
-- 青岛:青岛出版社, 2016.1
ISBN 978-7-5552-3421-0

Ⅰ.①复… Ⅱ.①少… Ⅲ.①科学知识－少儿读物
Ⅳ.①Z228.1

中国版本图书馆CIP数据核字(2016)第018201号

书　　　名	复活的历史
编　　　者	少儿期刊中心科普编辑部
出 版 发 行	青岛出版社
社　　　址	青岛市海尔路182号（266061）
本 社 网 址	http://www.qdpub.com
邮 购 电 话	0532－68068738
策　　　划	连建军　黄东明
责 任 编 辑	张旭辉
装 帧 设 计	王　珺
印　　　刷	青岛国彩印刷有限公司
出 版 日 期	2018年4月第1版　2019年5月第2次印刷
开　　　本	16开（850mm×1092mm)
印　　　张	4.5
字　　　数	60千
书　　　号	ISBN 978-7-5552-3421-0
定　　　价	25.80元

编校质量、盗版监督服务电话　400－653－2017　(0532)68068638